工业和信息化"十三五"人才培养规划教材

# Photoshop
## 商业项目实战

**Photoshop CS6** | **微课版**

黄亚娴 罗宝山 魏丽芬 / 主编

人民邮电出版社
北 京

**图书在版编目（CIP）数据**

Photoshop 商业项目实战：Photoshop CS6：微课
版 / 黄亚娴, 罗宝山, 魏丽芬主编. -- 北京：人民邮
电出版社, 2021.11
　工业和信息化"十三五"人才培养规划教材
　ISBN 978-7-115-54100-0

　Ⅰ. ①P… Ⅱ. ①黄… ②罗… ③魏… Ⅲ. ①图像处
理软件－高等学校－教材 Ⅳ. ①TP391.413

　中国版本图书馆CIP数据核字(2020)第089975号

## 内 容 提 要

　　本书全面、系统地介绍了 Photoshop CS6 的基本操作方法和图形图像处理技巧，包括认识
Photoshop，工具箱与工具选项栏，图文编辑与辅助工具的使用，选区、路径和形状，图层与蒙版的使
用，色彩的选择和调整，通道的使用，3D、动画和视频，滤镜的使用，Web 图形、输出和打印，综合
案例：包装设计和商业喷绘设计，综合案例：图标、手机 UI 与网页 UI 设计。

　　本书将操作演示融入软件功能的介绍过程，使学生快速掌握软件的应用技巧；同时通过应用案例
实践，拓展学生的实际应用能力。在本书的最后两章，精心安排了专业设计公司的综合案例，力求通
过这些综合案例的制作，提高学生的设计创意能力的同时了解行业规范。

　　本书适合作为职业院校数字媒体艺术类专业 Photoshop 课程的教材，也可供相关人员自学参考。

◆ 主　　编　黄亚娴　罗宝山　魏丽芬
　　责任编辑　刘　佳
　　责任印制　焦志炜

◆ 人民邮电出版社出版发行　　北京市丰台区成寿寺路 11 号
　　邮编　100164　　电子邮件　315@ptpress.com.cn
　　网址　https://www.ptpress.com.cn
　　山东华立印务有限公司印刷

◆ 开本：787×1092　1/16
　　印张：16.75　　　　　　　　　　2021 年 11 月第 1 版
　　字数：480 千字　　　　　　　　2021 年 11 月山东第 1 次印刷

定价：59.80 元
读者服务热线：(010)81055256　印装质量热线：(010)81055316
反盗版热线：(010)81055315
广告经营许可证：京东市监广登字 20170147 号

Photoshop 作为一个图像处理软件，应用非常广泛，不论与平面广告设计、数码照片处理还是与网页设计等领域都有着密切的联系，在各行各业中都发挥着不可替代的重要作用。

本书从实用的角度出发，由简入繁、循序渐进，全面讲解了 Photoshop CS6 的应用功能。在讲解软件功能的同时提供了有针对性的操作演示和应用案例，帮助读者理解和应用。本书共提供了 77 个操作演示、19 个应用案例和 5 个综合案例，并为所有案例配备了讲解视频，以方便读者学习。

## 1. 如何使用本书

（1）本书按照学习难度将章节划分为基础篇（第 1 章和第 2 章）、进阶篇（第 3 章~第 10 章）和实战篇（第 11 章和第 12 章），如图 1 所示。读者可以根据个人的需求选择性学习。

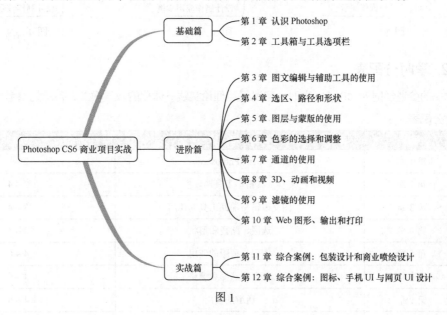

图 1

（2）本书基础篇主要讲解 Photoshop 的功能和基本操作，通过为知识点添加操作演示，帮助读者快速理解并掌握该知识点。基础篇章节结构如图 2 所示。

（3）本书进阶篇采用应用项目带入的方式讲解，先针对设计制作应用案例必须掌握的 Photoshop 知识点进行讲解，然后运用所学知识点制作应用案例，使读者既掌握了软件操作又了解了行业流程，做到"即学即用"。进阶篇章节结构如图 3 所示。

（4）本书实战篇主要讲解使用 Photoshop 制作综合案例的方法和流程。先针对不同行业的设计规范和要求进行讲解，然后使用 Photoshop 完成综合案例的制作。例如首先在 11.1 节中了解包装设计的概念和分类，然后在 11.2 节中设计制作绣品包装盒。实战篇章节结构如图 4 所示。

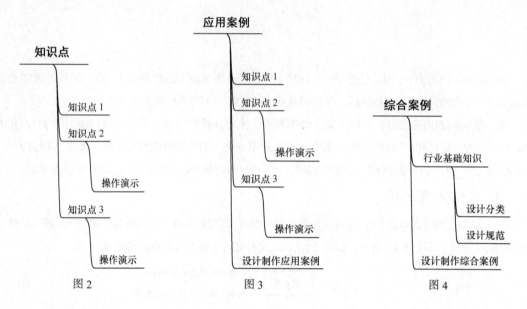

图2　　　　　　图3　　　　　　图4

## 2. 学时分配表

本书的参考学时为 40~58 学时，建议采用理论实践一体化的教学模式，各章的参考学时见下面的学时分配表。

| 章序 | 课程内容 | 学时 |
| --- | --- | --- |
| 第1章 | 认识 Photoshop | 2~3 |
| 第2章 | 工具箱与工具选项栏 | 3~4 |
| 第3章 | 图文编辑与辅助工具的使用 | 3~4 |
| 第4章 | 选区、路径和形状 | 3~4 |
| 第5章 | 图层与蒙版的使用 | 4~6 |
| 第6章 | 色彩的选择和调整 | 4~6 |
| 第7章 | 通道的使用 | 4~6 |
| 第8章 | 3D、动画和视频 | 2~3 |
| 第9章 | 滤镜的使用 | 2~4 |
| 第10章 | Web 图形、输出和打印 | 3~4 |
| 第11章 | 综合案例：包装设计和商业喷绘设计 | 4~6 |
| 第12章 | 综合案例：图标、手机 UI 与网页 UI 设计 | 4~6 |
| 课程考评 | | 2 |
| 学时总计 | | 40~58 |

### 3. 配套资源介绍

本书配套资源包括以下内容。

- 全书案例素材与源文件。
- 全书 PPT 课件。
- 全书案例操作演示视频。

以上资料读者可以登录人邮教育社区（www.ryjiaoyu.com）免费下载。

本书由黄亚娴、罗宝山、魏丽芬主编，黄亚娴负责全书统稿。由于作者水平有限，书中难免存在不妥之处，敬请广大读者批评指正。

编者

2021 年 11 月

CONTENTS 目 录

# 目录 CONTENTS

CONTENTS 目录

# 目录 CONTENTS

CONTENTS 目录

# 目录 CONTENTS

CONTENTS 目录

# 目录 CONTENTS

# 第 1 篇  基础篇

本篇主要讲述 Photoshop CS6 的基本功能及操作，先概述 Photoshop 软件的发展历史和 Photoshop CS6 的安装与卸载方法，然后详细介绍软件界面各板块的功能和操作方法、菜单命令的功能和作用以及工具箱中各个工具的使用方法和技巧。

通过对本篇内容的学习，读者可以对 Photoshop CS6 有基本的了解和认识，能够使用 Photoshop CS6 进行基本的图文编辑与设计工作。

# 01

# 第 1 章
# 认识 Photoshop

本章主要讲解 Photoshop CS6 的获取、安装和卸载方法，同时讲解 Photoshop CS6 的基本操作。通过对本章内容的学习，读者应掌握 Photoshop CS6 的基本操作方法和技巧，并能将所学内容应用到实际的设计工作中。

## 1.1 Adobe 公司及 Photoshop 概述

Adobe 公司创建于 1982 年，是世界领先的数字媒体和在线营销方案的供应商。Adobe 公司标志如图 1-1 所示，公司总部位于美国加利福尼亚州圣何塞市，公司总部大楼如图 1-2 所示。Adobe 公司的客户众多，包括了世界各地的设计师和开发人员。

图 1-1 Adobe 公司标志

图 1-2 Adobe 公司总部大楼

Photoshop 最早的版本 1.0.7 于 1990 年 2 月正式发行，Photoshop CS6 正式版于 2012 年 4 月 24 日发布，如图 1-3 所示。

图 1-3 Adobe Photoshop 1.0.7 和 Adobe Photoshop CS6

Adobe 公司的软件产品经过 20 多年的不断升级和完善，围绕 Photoshop 构建了一个强大的软件群，涵盖了图像处理（Photoshop）、矢量绘图（Illustrator）、排版（InDesign）、多媒体编辑（After Effects）和网页设计（Dreamweaver）等多个领域，各软件 CS6 版本图标如图 1-4 所示。

图 1-4　各软件 CS6 版本图标

Adobe 公司一直致力于通过更好的方式来表现图像，传达信息和思想，其在数码成像、设计和文档技术方面的创新成果在相关领域树立了杰出的典范，使数以百万计的人们体会到视觉信息交流的强大魅力。

Photoshop 以其强大的功能和非凡的创造力令世人折服。用户可通过 Photoshop 尽情施展创作和设计才华，创造出具有丰富视觉效果的作品。优秀 Photoshop 作品如图 1-5 所示。

图 1-5　优秀 Photoshop 作品

# 1.2　Photoshop CS6 的安装与卸载

要使用 Photoshop CS6，应该首先安装该软件。用户可登录 Adobe 官网下载 Adobe 中文版本，其官方网站如图 1-6 所示。

下拉至官方网站网页底部，单击"下载和安装"选项，如图 1-7 所示。选择版本并找到 Photoshop 选项，单击后进入二级页面，选择"简体中文"进行下载，如图 1-8 所示。

图 1-6　Adobe 官网　　　　　　　　　　　　　图 1-7　找到"下载和安装"选项

图 1-8　在 Adobe 官网上找到 Photoshop CS6 并下载

| 知识<br>扩展 | Adobe 公司出品的用于图形设计、影像编辑与网站开发的软件产品套装 Adobe Creative Suite 也可在 Adobe 官网中找到。该软件套装包括电子文档制作软件 Adobe Acrobat、网页开发与制作软件 Adobe Dreamweaver、矢量绘图软件 Adobe Illustrator、图像处理软件 Adobe Photoshop 和排版软件 Adobe InDesign 等产品。 |
| --- | --- |

用户可以下载云端软件 Adobe Creative Cloud，通过该软件访问每个 Adobe Creative Suite 桌面应用程序、联机服务以及其他新发布的应用程序，并对应用程序进行下载和升级，如图 1-9 所示。

图 1-9　Adobe 云端 Creative Cloud 软件

**操作演示——安装 Adobe Photoshop CS6**

① 打开安装程序文件夹，双击"set-up.exe"，启动安装程序，单击"忽略"按钮，初始化安装程序，如图 1-10 所示。用户可以先选择"作为试用版安装"选项，如图 1-11 所示。

扫码观看微课视频

图 1-10　启动安装程序　　　　图 1-11　安装试用版

② 单击"接受"按钮，接受 Adobe 软件许可协议，如图 1-12 所示。设置语言和位置选项，单击"安装"按钮进行安装。对话框中显示"安装完成"时，单击"关闭"按钮，即可完成安装，如图 1-13 所示。

图 1-12　接受软件许可协议　　　　图 1-13　完成安装

操作演示——卸载 Adobe Photoshop CS6

① 单击屏幕左下角的"开始"按钮,选择"控制面板"选项,如图 1-14 所示。选择"程序和功能",
选中"Adobe Photoshop CS6",单击"卸载"按钮,如图 1-15 所示。

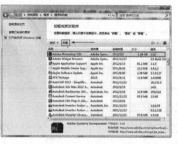

扫码观看微课视频

图 1-14　单击"开始"按钮　　　　　图 1-15　选择"程序和功能"选项

② 弹出"Adobe Photoshop CS6"对话框,单击"卸载"按钮进行卸载,如图 1-16 所示。对话框中
显示"卸载完成"时,单击"关闭"按钮完成卸载,如图 1-17 所示。

图 1-16　单击"卸载"按钮　　　　　图 1-17　完成卸载

# 1.3　了解 Photoshop CS6 操作界面

　　从 CS 版本开始,Photoshop 加大了对操作界面的优化力度,针对用户的操作体验进行了优化,发展
到 CS6 版本后,操作界面的布局已基本稳定,主要包括菜单栏、工具选项栏、工具箱、面板区、文档窗口
和状态栏,如图 1-18 所示。

菜单栏　　　工具选项栏　　　工具箱　　　面板区　　　文档窗口　　　状态栏

图 1-18　Photoshop CS6 操作界面

## 1.3.1　菜单栏

　　Photoshop CS6 中包含了 11 个菜单,这些菜单集中了 Photoshop CS6 中绝大多数的命令,单击任意

菜单名称即可打开该菜单的下拉菜单，下拉菜单中包含了各种与菜单相关的命令，如图 1-19 所示。

Ps　文件(F)　编辑(E)　图像(I)　图层(L)　文字(Y)　选择(S)　滤镜(T)　3D(D)　视图(V)　窗口(W)　帮助(H)

图 1-19　菜单栏

命令后面如果带有快捷键，则使用此快捷键即可快速执行该命令。如果命令显示为灰色，则表示在当前状态下此命令不可用。

菜单中相似或相关联的命令被分割线划成不同的区域，每一个区域为一个命令组。例如"文件"菜单下的第一个区域包含"新建""打开""在 Bridge 中浏览""在 Mini Bridge 中浏览""打开为""打开为智能对象"和"最近打开文件"。

在菜单中，命令后面带有小三角表示该命令下还包含子菜单，如图 1-20 所示。光标移至该命令名称上时即可显示子菜单。如果命令名称后带有...符号，则表示单击该命令后，便会弹出相应的对话框；如果命令名称后没有...符号，则表示单击该命令后，会弹出相应的面板或执行该命令。

图 1-20　包含子菜单的命令

## 1.3.2　工具箱和工具选项栏

Photoshop CS6 的工具箱的默认位置在工作区左侧，所有工具都用于创建和编辑图像。单击工具箱中的 ◀◀ 按钮，工具箱以单排形式显示；当按钮变成 ▶▶ 时，单击此按钮，工具箱以双排形式显示。工具箱如图 1-21 所示。

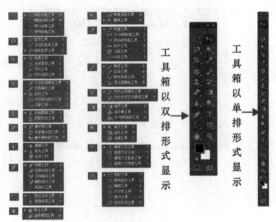

图 1-21　工具箱

工具选项栏的默认位置在文档窗口上方，每一个工具都有一个专属的选项栏，它显示了该工具大多数常用的选项。

---

**操作演示——移动工具箱**

① 启动 Photoshop CS6 时，默认工具箱在左侧显示，将鼠标指针放在工具箱顶部的 ▶▶ 按钮的下方，按下鼠标左键将其拖出，可将工具箱放在窗口的任意位置，如图 1-22 所示。

② 拖动工具箱至界面左侧边缘，出现蓝色条时释放鼠标左键，即可将工具箱重新放回到原处，如图 1-23 所示。

图 1-22　将工具箱放置在任意位置　　　　图 1-23　放回原处　　　　扫码观看微课视频

---

**操作演示——选择工具**

① 在工具箱中单击任意工具按钮，即可选择该工具，如图 1-24 所示。

② 工具按钮右下角带有三角图标，表示它是一个工具组，长按工具按钮或者将鼠标指针置于工具按钮上并单击鼠标右键，即可打开工具列表并进行选择，如图 1-25 所示。

图 1-24　选择工具　　　　图 1-25　弹出工具列表　　　　扫码观看微课视频

---

**操作演示——移动工具选项栏**

① 将鼠标指针移动到工具选项栏左侧，按下鼠标左键不放可将其拖出，使其成为浮动的工具选项栏，如图 1-26 所示。

② 将鼠标指针移动到工具选项栏前面的黑色区域，按下鼠标左键将其拖曳至菜单栏下，当出现蓝色条时释放鼠标左键，即可将其重新放回到原处，如图 1-27 所示。

图 1-26　使工具选项栏浮动　　　　图 1-27　放回原处　　　　扫码观看微课视频

---

### 1.3.3　面板

面板是用来设置颜色、工具参数以及执行编辑命令的模块，可根据需要打开或关闭面板。Photoshop CS6 中包含了 26 个面板，对应"窗口"菜单中第 3 栏的 26 个选项，如图 1-28 所示，选择其中一个选项，即可打开相对应的面板。

一般情况下，为了节省操作空间，常常将多个面板组合在一起，组合在一起的面板被称为面板组。单击某个面板名称，然后按下鼠标左键不放，将其拖曳出来，可使其从面板组中分离，如图 1-29 所示。

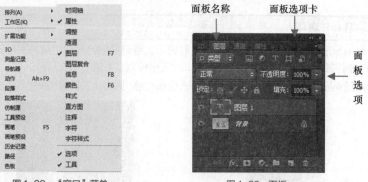

图 1-28 "窗口"菜单　　　　　图 1-29 面板

**操作演示——移动与组合面板**

① 将鼠标指针移至面板组中的某一个面板名称处，按下鼠标左键不放并拖动，使其从面板组中分离，在空白处释放鼠标左键，该面板会成为一个单独的浮动面板，如图 1-30 所示。

扫码观看微课视频

图 1-30 浮动面板

② 将鼠标指针移至某一个面板的名称处，按下鼠标左键不放，将其拖曳至另外一个面板或面板组的位置，当边框显示为蓝色时释放鼠标左键，该面板即可与其他面板组成面板组，如图 1-31 所示。

 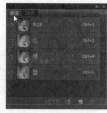 

图 1-31 面板组

**操作演示——折叠/展开面板**

① 单击面板或面板组右上角的 ◀◀ 按钮，可将面板或面板组折叠。面板或面板组被折叠后，单击 ▶▶ 按钮可展开面板或面板组，如图 1-32 所示。

扫码观看微课视频

图 1-32 折叠/展开面板组

② 当面板组被折叠时,在面板组中的任意一个图标处单击鼠标左键即可展开相应的面板,如图 1-33 所示。

图 1-33　展开面板

**操作演示——选择面板**

在面板组中,面板名称会依序排列在窗口上端。将鼠标指针移至面板名称处,单击鼠标左键,即可将该面板设置为当前面板,如图 1-34 所示。

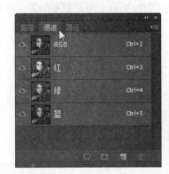

扫码观看微课视频

图 1-34　设置当前面板

**操作演示——连接面板**

① 在面板名称处按下鼠标左键不放,拖曳鼠标指针至另一个面板下方,如图 1-35 所示。
② 当两个面板的连接处显示蓝色条时,释放鼠标左键可以将两个面板连接,如图 1-36 所示。

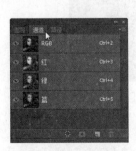

扫码观看微课视频

图 1-35　拖曳面板　　　　　　图 1-36　连接面板

**操作演示——打开面板菜单**

单击面板右上角的 ▼≡ 按钮，可以打开面板菜单，面板菜单中包含了当前面板可使用的各种命令，如图 1-37 所示。

扫码观看微课视频

图 1-37　打开面板菜单

**操作演示——关闭面板和面板组**

① 将鼠标指针移至某一个面板的名称处，单击鼠标右键，可以显示快捷菜单，选择"关闭"命令，即可关闭该面板，如图 1-38 所示。如选择"关闭选项卡组"命令，则可关闭该面板组。

② 单击浮动面板或面板组右上角的 ✕ 按钮，可关闭该面板或面板组，如图 1-39 所示。

扫码观看微课视频

图 1-38　关闭面板　　　　　　　图 1-39　关闭面板组

### 1.3.4　文档窗口

Photoshop 会为每一个图像创建一个文档窗口，当同时打开多个图像时，文档窗口就会以选项卡的形式显示。在选项卡上任意一个文档的名称处单击，即可将该文档窗口设置为当前操作窗口，如图 1-40 所示。

图 1-40　设置当前操作窗口

**常用小技能：** 如何在多个文档窗口间快速切换

使用组合键【Ctrl+Tab】可以按顺序切换窗口；使用组合键【Ctrl+Shift+Tab】可以按相反的顺序切换窗口。

### 1.3.5 状态栏

状态栏位于文档窗口的下方，用于显示文档的缩放比例、文档大小、当前使用的工具等信息。在文档信息区域上按下鼠标左键不放，可以显示图像的宽度、高度、通道等信息。在文档信息区域上按住【Ctrl】键的同时按下鼠标左键不放，可显示图像的拼贴宽度等信息，如图 1-41 所示。

图 1-41　在状态栏中显示信息

## 1.4　菜单栏所含命令

### 1.4.1　"文件"菜单

"文件"菜单中主要包含与文件操作相关的命令，例如新建、打开、打开为、存储和关闭等命令，如图 1-42 所示。

图 1-42　"文件"菜单

---

**操作演示——打开文件**

① 打开菜单栏上的"文件"菜单，在下拉列表中选择"打开"命令，如图 1-43 所示。

② 在弹出的"打开"对话框内选择一张要打开的图像，单击"打开"按钮，如图 1-44 所示。

扫码观看微课视频

图 1-43　选择"打开"命令　　　　图 1-44　选择图像

---

---

**常用小技能**：打开文件的其他方法

　　除了在菜单栏中执行"文件"→"打开"命令，使用组合键【Ctrl+O】或在工作区中双击，也会弹出
"打开"对话框。

---

**操作演示——将文件另存并重命名文件**

① 打开菜单栏上的"文件"菜单，在下拉列表中选择"存储为"命令，如图 1-45 所示。

② 弹出"存储为"对话框，在"文件名"文本框内输入文件的名称，单击"格式"选项，在打开的下拉
列表中选择 JPEG 格式，单击"保存"按钮，如图 1-46 所示。

扫码观看微课视频

图1-45　选择"存储为"命令　　　　　　图1-46　设置存储参数

③ 弹出"JPEG 选项"对话框，设置图像属性，如图 1-47 所示。单击"确定"按钮，存储效果如图 1-48 所示。

图1-47　设置图像属性　　　　　　　　图1-48　存储效果

---

**操作演示——关闭文件**

① 执行"文件"→"打开"命令，弹出"打开"对话框，选中图 1-49 所示的 4 张素材图像。单击"打
开"按钮，执行"窗口"→"排列"→"四联"命令，如图 1-50 所示。

扫码观看微课视频

图1-49　选中图像　　　　　　　　图1-50　四联排列

② 打开菜单栏上的"文件"菜单,在下拉列表中选择"关闭"命令,当前操作的设计文档将被关闭,如图 1-51 所示。

图 1-51 关闭文档

③ 打开菜单栏上的"文件"菜单,在下拉列表中选择"关闭全部"命令,设计文档将被全部关闭,如图 1-52 所示。

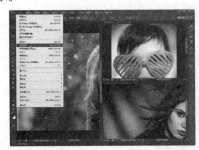

图 1-52 关闭全部文档

---

**常用小技能**:关闭文件的其他方法

使用组合键【Ctrl+W】可关闭当前操作的设计文档,使用组合键【Alt+Ctrl+W】可关闭全部文档。单击设计文档标题栏上的关闭按钮可关闭该设计文档。

---

**操作演示——新建文件**

① 打开菜单栏上的"文件"菜单,在下拉列表中选择"新建"命令,弹出"新建"对话框。修改文件名称为"A4 报告",在"预设"下拉列表中选择"国际标准纸张"选项,在"大小"下拉列表中选择"A4"选项,如图 1-53 所示。

② 单击"确定"按钮,可按 A4 标准新建一个空白文档,空白文档的效果如图 1-54 所示。

扫码观看微课视频

图 1-53 "新建"对话框          图 1-54 空白文档

按照纸张幅面的基本面积，可把幅面规格分为 A 系列、B 系列和 C 系列，幅面规格为 A0 的幅面尺寸为 841 mm×1189 mm，幅面规格为 B0 的幅面尺寸为 1000 mm×1414 mm，幅面规格为 C0 的幅面尺寸为 917 mm×1297 mm。复印纸的幅面规格只采用 A 系列和 B 系列。若将 A0 纸张沿长度方向对开成两等份，便成为 A1 规格，将 A1 纸张沿长度方向对开，便成为 A2 规格，如此可一直对开至 A8 规格；B0 纸张亦可按此法对开至 B8 规格。A3、A4、A5、A6 和 B4、B5、B6 这 7 种幅面规格为复印纸常用的规格。

### 1.4.2　"编辑"菜单

"编辑"菜单将涉及文字、图像等并不好明确分类又较为重要的命令归入其下。该菜单下的命令通常比较常用且具有综合性。"编辑"菜单如图 1-55 所示。

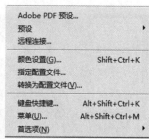

图 1-55　"编辑"菜单

**操作演示——通过设置首选项改变界面颜色**

① 执行"编辑"→"首选项"→"界面"命令，打开"首选项"对话框，在"外观"选项中选择最后一个颜色方案，如图 1-56 所示。

② 单击"确定"按钮，界面外观效果如图 1-57 所示。

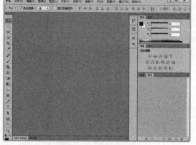

扫码观看微课视频

图 1-56　"首选项"对话框　　　　图 1-57　界面外观效果

### 1.4.3　"图像"菜单

"图像"菜单是 Photoshop 中非常重要的菜单，它集合了大多数图像编辑工具，Photoshop 对图像的大小和色彩的调整等诸多功能可通过此菜单下的命令实现，如图 1-58 所示。

图 1-58　"图像"菜单

### 1.4.4 "图层"菜单

图层就像在一张画上铺设一张透明的玻璃纸。用户透过这张玻璃纸不但能看到画的内容,而且在玻璃纸上进行的任何涂抹都不会影响到画的内容。在 Photoshop 中几乎所有的编辑操作都以图层为依托,通过对上、下两个图层的位置进行调整合成最终效果。"图层"菜单如图 1-59 所示。

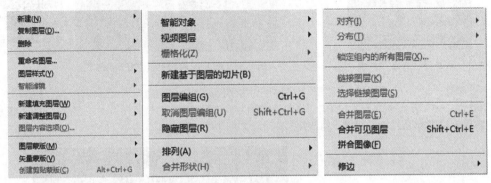

图 1-59 "图层"菜单

提示

图层的顺序是可以调换的;在其中一个图层上进行编辑不会影响和破坏其他图层;如果上面的图层有透明区域,则透明区域内会显示下面的图层;设计文档中的图像效果是所有图层叠放的整体效果。

---

**操作演示——图层的创建、复制与删除**

① 执行"图层"→"新建"→"图层"命令,打开"新建图层"对话框,可以通过设置参数改变图层的名称、颜色和模式,单击"确定"按钮,在"图层"面板中可以看到以"图层 2"命名的新图层,如图 1-60 所示。

② 单击"图层"面板底部的"创建新图层"按钮 █,Photoshop 会以默认设置创建新图层,如图 1-61 所示。

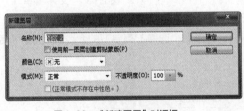

图 1-60 "新建图层"对话框

图 1-61 创建新图层

③ 将鼠标指针移至"图层"面板上并单击选中某个图层后,执行"图层"→"复制图层"命令,弹出"复制图层"对话框,保持默认状态并单击"确定"按钮,复制得到一个名称为"图层 2 副本"的新图层,如图 1-62 所示。

④ 将鼠标指针移至要复制的图层名称上,按下鼠标左键将其拖曳到"创建新图层"按钮处,松开鼠标左键,也可以复制该图层,如图 1-63 所示。

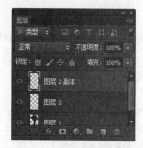

图1-62　通过"复制图层"命令复制图层

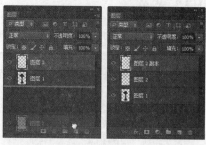
图1-63　通过"创建新图层"按钮复制图层

扫码观看微课视频

⑤ 若要删除一个图层，首先在"图层"面板中选中该图层，执行"图层"→"删除"→"图层"命令，弹出图 1-64 所示的提示框，单击"是"按钮就会将该图层删除。也可在选中图层后，在图层面板底部单击"删除图层"按钮 ，将该图层删除，如图 1-65 所示。

图1-64　提示框

图1-65　删除图层

### 1.4.5　"文字"菜单

　　"文字"菜单包含了所有 Photoshop CS6 关于文字的处理命令，诸如文字的创建、编辑、变形、查找和替换等。"文字"菜单如图 1-66 所示。

### 1.4.6　"选择"菜单

　　"选择"菜单主要包括选区的编辑和使用命令，它的命令

图1-66　"文字"菜单

是单一并只对选区有效的。选区的大部分复杂操作不能单纯依靠"选择"菜单下的命令来完成，而是需要配合各种工具一起完成。"选择"菜单如图 1-67 所示。

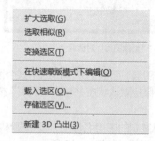
图1-67　"选择"菜单

**操作演示——使用"色彩范围"加深图像背景颜色**

① 打开素材图像，执行"选择"→"色彩范围"命令，弹出"色彩范围"对话框，使用"吸管工具"在画布中单击取样，如图 1-68 所示。在"色彩范围"对话框中设置参数，单击"确定"按钮，如图 1-69 所示。

图 1-68　取样　　　　　　　　　图 1-69　设置参数　　　　扫码观看微课视频

② 执行"图像"→"调整"→"色阶"命令，在弹出的"色阶"对话框中设置参数，如图 1-70 所示。单击"确定"按钮，图像效果如图 1-71 所示。

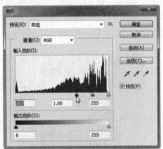

图 1-70　设置参数　　　　　　　　　图 1-71　图像效果

### 1.4.7　"滤镜"菜单

　　"滤镜"原本是一个摄影术语，是用于调节聚焦效果和光照效果的特殊镜头。在 Photoshop CS6 中，滤镜是指通过分析图像中的像素，用数学方法快速制作各种视觉效果。"滤镜"菜单如图 1-72 所示。

图 1-72　"滤镜"菜单

**操作演示——使用"视频"滤镜调整单行扫描图像**

① 打开素材图像，图像效果如图 1-73 所示。执行"滤镜"→"视频"→"逐行"命令，弹出"逐行"对话框，如图 1-74 所示。

② 保持对话框的默认设置，单击"确定"按钮，图像效果如图 1-75 所示。

图 1-73　打开图像　　图 1-74　"逐行"对话框　　图 1-75　图像效果　　扫码观看微课视频

### 1.4.8 "3D"菜单

"3D"菜单用于创建 3D 效果，用户可以通过菜单中的命令创建 3D 图层，"3D"菜单如图 1-76 所示。

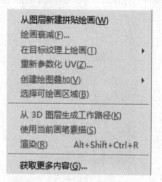

图 1-76 "3D"菜单

**操作演示——从图层创建 3D 球体**

① 打开素材图像，如图 1-77 所示。执行"3D"→"从图层新建网格"→"网格预设"→"球体"命令。

② 单击工具选项栏上的"旋转 3D 对象"按钮，调整球体角度，如图 1-78 所示。

扫码观看微课视频

图 1-77 打开图像　　　　　　图 1-78 创建 3D 球体效果

### 1.4.9 "视图"菜单

"视图"菜单是 Photoshop CS6 的辅助菜单，主要用于显示对设计文档进行编辑和调整时使用的命令，这些命令不会对图像进行改变。"视图"菜单如图 1-79 所示。

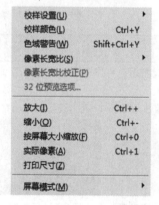

图 1-79 "视图"菜单

Photoshop 里的颜色模式，如 8 位、16 位和 32 位中的数字都是 2 的指数。如果一个 8 位图像有 10 MB 大小，那么当它变成 16 位时，大小就会变成 20 MB。这里的 8 位、16 位、32 位指颜色深度（Color Depth）。颜色深度用来度量图像中有多少颜色信息可用于显示或打印，其单位是位（bit），所以颜色深度有时也被称为位深度。32 位图像相比 16 位图像，16 位图像相比 8 位图像有更好的色彩过渡，同时也更加细腻，携带的色彩信息更加丰富。

**操作演示——使用"校样颜色"查看工作中的 CMYK 模式**

① 打开一张蓝色系的 RGB 模式的素材图像，执行"视图"→"校样设置"→"工作中的 CMYK"命令，如图 1-80 所示。可以在文档窗口标题处看到当前视图模式已经改为 CMYK 模式，图像的效果也发生了一些变化，这时的图像显示为 CMYK 模式下的印刷效果。

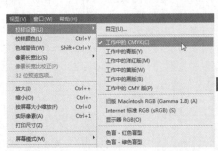

图 1-80　工作中的 CMYK

② 完成步骤 1 后，"视图"菜单中的"视图"→"校样颜色"命令为选中状态，如图 1-81 所示。执行"视图"→"校样颜色"命令，取消步骤 1 的效果并使图像的颜色模式恢复为 RGB 模式，如图 1-82 所示。

图 1-81　选中状态　　　　图 1-82　颜色模式恢复为初始状态

### 1.4.10　"窗口"菜单

"窗口"菜单几乎包含了 Photoshop CS6 中所有的面板命令，打开此菜单，单击任何一个选项，都可以打开该选项对应的面板，如图 1-83 所示。

图1-83　"窗口"菜单

### 1.4.11　"帮助"菜单

"帮助"菜单是 Photoshop CS6 的辅助菜单，它当中的命令不会对图像进行改变。"帮助"菜单如图 1-84 所示。

图1-84　"帮助"菜单

## 1.5　本章小结

本章介绍了 Adobe 公司及 Photoshop CS6 的安装与卸载、Photoshop CS6 操作界面和菜单栏所含命令等知识点，并通过操作演示的方法为读者介绍了 Photoshop CS6 的具体操作与使用技巧。读者通过对知识点的学习和案例的操作，应该初步掌握了 Photoshop CS6 的使用方法。

## 1.6　课后测试

完成本章内容的学习后，接下来通过几道课后习题，测验一下读者的学习效果，同时加深对所学知识的理解。

## 1.6.1 选择题

（1）Photoshop CS6 中包含了（　　）个菜单，这些菜单集中了 Photoshop CS6 中绝大多数的命令。

  A. 10        B. 11        C. 9        D. 15

（2）下列选项中的命令不属于"文件"菜单下的是？（　　）

  A. 新建       B. 打开       C. 打开为      D. 粘贴

（3）使用组合键（　　）可以按顺序切换窗口。

  A. 【Ctrl+Tab】           B. 【Ctrl+Shift+Tab】

  C. 【Ctrl+C】            D. 【Alt+→】

（4）"首选项"命令在哪一个菜单中？（　　）

  A. "文件"菜单    B. "编辑"菜单    C. "视图"菜单    D. "图层"菜单

（5）用户可以在"窗口"菜单下执行下列哪一个命令，选择不同的工作区？（　　）

  A. 工作区       B. 扩展功能      C. 选项       D. 工具

## 1.6.2 创新题

  根据本章所学知识，在"首选项"对话框中设置界面外观的"颜色方案"为"浅灰色"，如图 1-85 所示。在"键盘快捷键和菜单"对话框中完成自定义快捷键的操作，如图 1-86 所示。

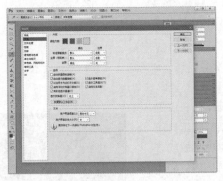
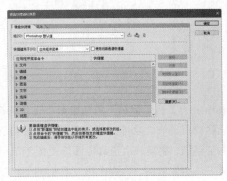

图 1-85　设置界面外观             图 1-86　自定义快捷键

# 02

# 第 2 章
# 工具箱与工具选项栏

每一个设计文档的编辑操作都是从使用工具开始的。使用工具是 Photoshop CS6 操作的重中之重。

Photoshop CS6 将所有用于创建和编辑图像的工具都放到了工具箱里，默认显示在界面的左侧。工具箱将工具按用途分组。

工具箱中的工具图标右下角如果有小三角的标记，代表该工具下还隐藏着其他与之功能相似的工具，这些功能相似的工具通常被称为工具组。在某一个工具组图标上按下鼠标左键不放或右键单击某工具组图标时，会弹出该工具组的下拉工具列表，如图 2-1 所示。

图 2-1　工具组及快捷键

按住【Alt】键不放，单击工具箱中的某工具组图标，Photoshop CS6 会按该工具组列表中的上下顺序切换到下一个工具。工具后面显示的字母是该工具组的快捷键。用户可以通过按键盘上的字母键，快速切换到此工具组。

## 2.1　选择工具

选择工具用于选择。无论是对象、图层、设计文档还是图像中的像素，如果要对其进行编辑和操作，都要从选择开始。选择工具包括移动工具、选区工具组、套索工具组和快速选择工作组，接下来逐一进行介绍。

### 2.1.1　移动工具

使用工具箱中的移动工具可以移动图像图层或者选区中的对象。单击工具箱中的移动工具按钮，选项栏如图 2-2 所示。

图 2-2　移动工具选项栏

---

**操作演示——将图像移到设计文档中**

① 新建一个 A4 空白文档，执行"图像"→"图像旋转"→"90 度（顺时针）"命令，如图 2-3 所示。

② 打开一张素材图像，按住鼠标左键不放，将图像拖曳至新建的文档窗口内，如图 2-4 所示。

图 2-3　新建并旋转文档

图 2-4　打开并拖曳图像

扫码观看微课视频

③ 将选项栏上的"显示变换控件"选项选中，按住【Shift】键并拖曳图像的任一角处的控制点，放大图像，如图 2-5 所示。

④ 当图像放大到合适大小时，单击选项栏上的"提交变换"按钮或按键盘上的【Enter】键，即可完成图像的变换，效果如图 2-6 所示。

图 2-5　拖曳放大图像

图 2-6　放大图像效果

---

**操作演示——拼合全景图像**

① 执行"文件"→"新建"命令，修改文件名称，设置各项参数，如图 2-7 所示。

② 打开 3 张连续拍摄的图片并拖曳图片到新建的文档中，如图 2-8 所示。

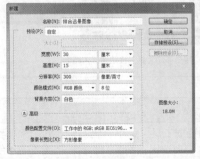
图 2-7　新建文档

图 2-8　打开并拖曳图片

扫码观看微课视频

③ 选中选项栏上"自动选择"选项，按住【Shift】键不放，依次单击图片。单击"自动对齐图层"按钮，弹出"自动对齐图层"对话框，如图 2-9 所示。

④ 单击"确定"按钮，3 张图片将自动对齐并边缘重叠，拼合成全景图像，效果如图 2-10 所示。

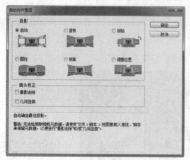

图 2-9 "自动对齐图层"对话框　　　　　　图 2-10 拼合成全景图像

### 2.1.2 选区工具组

选区工具组包括矩形选框工具 、椭圆选框工具 、单行选框工具 和单列选框工具 4 个工具，可用来执行简单的选择任务。

- 矩形选框工具

矩形选框工具可以用来绘制矩形选区，其选项栏如图 2-11 所示。

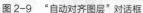

图 2-11 矩形选框工具选项栏

---

**操作演示——移动选区**

① 单击工具箱中的"矩形选框工具"按钮，确认选项栏上绘制模式为"新选区"模式 ，此时光标变成＋，按住鼠标左键不放，在设计文档中拖曳，创建图 2-12 所示的矩形选区。

② 使用选区工具在可以直接拖曳选区，若使用"移动工具"拖曳选区，将会移动选区内的图像，如图 2-13 所示。

扫码观看微课视频

图 2-12 创建选区　　　　　　图 2-13 用"移动工具"移动选区内图像

---

**操作演示——运用选区运算编辑选区**

① 使用"矩形选框工具"创建一个矩形选区，选择"椭圆选框工具"，单击选项栏上的"添加到选区"按钮 ，光标样式变成十，按住鼠标左键不放，在矩形选区上拖曳，绘制一个图 2-14 所示的椭圆选区，添加选区后的效果如图 2-15 所示。

图 2-14　添加到选区操作　　　　图 2-15　添加选区效果

② 创建一个矩形选区，选择"椭圆选框工具"，单击选项栏上的"从选区减去"按钮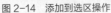，光标样式变成十_，按住鼠标左键不放，在矩形选区上拖曳，绘制一个图 2-16 所示的椭圆选区，减去选区效果如图 2-17 所示。

图 2-16　从选区减去操作　　　　图 2-17　减去选区效果

③ 创建一个矩形选区，选择"椭圆选框工具"，单击选项栏上的"与选区交叉"按钮 ，光标样式变成十ₓ，按下鼠标左键不放，在矩形选区上拖曳，绘制一个图 2-18 所示的椭圆选区，选区交叉后的效果如图 2-19 所示。

扫码观看微课视频

图 2-18　与选区交叉操作　　　　图 2-19　选区交叉效果

- 椭圆选框工具

椭圆选框工具与矩形选框工具的使用方法基本一致，不同之处是使用椭圆选框工具创建选区时，选项栏上的"消除锯齿"选项变成可用状态。

> **常用小技能**：结合快捷键绘制正方形或圆形选区
>
> 在绘制矩形或椭圆形选区时，按住键盘上的【Shift】键可绘制正方形或圆形选区；按住【Alt】键可以以起点为中心点绘制选区；同时按住【Shift】键和【Alt】键将以起点为中心点绘制正方形或圆形的选区。

- 单行选框工具与单列选框工具

单行选框工具与单列选框工具只能创建 1 像素高或宽的选区，只需要选择单行或单列选框工具并在画布中单击，即可创建单行或单列选区，如图 2-20 所示。

图 2-20　创建单行选区和单列选区

**操作演示——为图像添加画框**

① 打开素材图像"13001.jpg"，执行"选择"→"全部"命令，将图像全部选中，如图 2-21 所示。

② 使用"矩形选框工具"，单击选项栏上的"从选区减去"按钮，拖曳鼠标创建图 2-22 所示的矩形选区。

图 2-21　打开图像并选中全部图像　　　　　图 2-22　创建矩形选区

③ 执行"编辑"→"填充"命令，打开"填充"对话框，设置各项参数，如图 2-23 所示。

④ 单击"确定"按钮，完成为图像添加画框的操作，效果如图 2-24 所示。

扫码观看微课视频

图 2-23　"填充"对话框　　　　　图 2-24　画框效果

**常用小技能：**选区运算的快捷键

　　绘制选区时，按住【Shift】键可以快速切换到"添加到选区"状态，按住【Alt】键可以快速切换到"从选区减去"状态，同时按住【Shift】和【Alt】键可以快速切换到"与选区交叉"状态。

### 2.1.3　套索工具组

套索工具组包括套索工具 、多边形套索工具 和磁性套索工具 3 个工具。

● 套索工具

套索工具比创建规则形状选区的工具自由度更高，它可以创建任何形状的选区。使用套索工具时，用户在画布中按住鼠标左键拖曳，如图 2-25 所示，释放鼠标左键即可完成选区的创建，如图 2-26 所示。

图 2-25　按住鼠标左键拖曳

图 2-26　创建选区

用户使用套索工具创建选区时，如果在释放鼠标左键时终点与起点没有重合，系统会在起点与终点之间自动创建一条直线，使选区闭合。

- 多边形套索工具

多边形套索工具适合创建一些由直线构成的多边形选区。选择"多边形套索工具"，在画布中的不同位置依次单击鼠标左键，创建图 2-27 所示的折线。在画布中其他位置继续单击，最后将光标移至起点位置，单击完成选区的创建，如图 2-28 所示。

图 2-27　单击创建折线

图 2-28　创建多边形选区

**常用小技能**：在使用"多边形套索工具"创建选区时使用快捷键

在使用"多边形套索工具"创建选区时，按住【Shift】键可以绘制以 45° 角为增量的方向的选区边线；在按住【Ctrl】键的同时单击鼠标左键相当于双击鼠标左键；在按住【Alt】键的同时按住鼠标左键拖拽鼠标可切换为"套索工具"。

使用"多边形套索工具"创建选区时，可以通过在起点位置单击完成选区的创建，也可以在创建选区的过程中双击鼠标左键，在鼠标双击点与起点间将会生成一条直线，将选区闭合。

提示

在使用"多边形套索工具"创建选区时，在不同位置单击可以创建选区边线，选区至少要由 3 条边线组成，也就是说至少要在画布中单击 2 次才能构成一个选区。

- 磁性套索工具

磁性套索工具有自动识别对象边缘的功能，其选项栏如图 2-29 所示。如果对象的边缘较为清晰，并且与背景颜色对比明显，则用户使用该工具可以轻松选择对象的边缘。

图 2-29　磁性套索工具选项栏

单击工具箱中的"磁性套索工具"按钮，在画布中单击，将光标沿图像边缘移动，在 Photoshop CS6 中，系统会在光标经过处放置锚点并连接成选区边线，如图 2-30 所示。将光标移至起点处，单击即可闭合选区，如图 2-31 所示。

图 2-30　单击并拖动鼠标

图 2-31　创建选区

提示

在使用"磁性套索工具"创建选区时，为了使选区更加精确，可以在绘制选区过程中单击鼠标左键添加锚点，也可以按【Delete】键将多余的锚点依次删除。

### 2.1.4　快速选择工具组

快速选择工具组包括快速选择工具 ![icon] 和魔棒工具 ![icon] 两个工具，能够起到通过对图像像素进行分析来快速建立选区的作用。

* 快速选择工具

快速选择工具能够利用可调整的圆形画笔快速创建选区。在用户拖曳鼠标时，选区会向外扩展并自动查找和贴近图像中定义的边缘。其选项栏如图 2-32 所示。

![工具选项栏：对所有图层取样　自动增强　调整边缘...]

图 2-32　快速选择工具选项栏

---

**操作演示——选中花朵并调整色彩**

① 打开素材图像"13002.jpg"，单击选中工具箱中的"快速选择工具"，如图 2-33 所示。
② 在花朵上拖动，创建图 2-34 所示的选区。

图 2-33　选中快速选择工具

图 2-34　创建选区

扫码观看微课视频

③ 使用"磁性套索工具"，按住键盘上的【Alt】键，将选区中多余部分减去，如图 2-35 所示。
④ 完成花朵部分选区的创建，选区效果如图 2-36 所示。

图 2-35　减去多余的选区

图 2-36　花朵选区效果

⑤ 执行"图像"→"调整"→"色彩平衡"命令，打开"色彩平衡"对话框，设置各项参数，如图 2-37 所示。

⑥ 单击"确定"按钮，执行"选择"→"取消选择"命令，完成后的效果如图 2-38 所示。

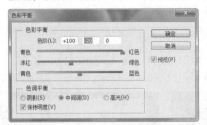

图 2-37　设置色彩平衡参数

图 2-38　完成后的效果

　　快速选择工具可以将需要的内容从图像背景中抠出，但对图像的清晰度要求较高，其在处理使用纯色作为背景的图像或背景比较简单的图像时的效果比较好，但如果需要处理的图像背景过于复杂，那有可能达不到预想的效果。

- 魔棒工具

魔棒工具可以用来选取图像中色彩相近的区域。其选项栏如图 2-39 所示。

图 2-39　魔棒工具选项栏

　　使用"魔棒工具"在图像中创建选区后，由于受该工具特性的限制，常常会有部分边缘像素不能被完全选择，此时配合"套索工具"或其他工具再次添加选区就可以轻松地选择需要的图像了。

## 2.2　裁剪和切片工具

　　裁剪工具主要用于改变画布或图像的尺寸，以获得需要的尺寸或更好的构图。切片工具主要用于对图像进行分割和输出，以便于网页开发人员使用。

　　裁剪和切片工具组包含裁剪工具 🔲、透视裁剪工具 🔲、切片工具 🔲 和切片选择工具 🔲 4 种工具。接下来逐一进行讲解。

- 裁剪工具

单击工具箱中的"裁剪工具"按钮，图像周围将自动显示裁剪的标记。向上拖动底部的裁剪标记，如图 2-40 所示。在裁剪区域内双击，即可完成裁剪操作，如图 2-41 所示。

图 2-40　裁剪

图 2-41　裁剪效果

选择"裁剪工具"后，其选项栏如图 2-42 所示。

图 2-42　裁剪工具选项栏

---

**操作演示——使用裁剪工具制作 2 英寸照片**

① 打开素材图像"13004.jpg"，单击工具箱中的"裁剪工具"，如图 2-43 所示。

② 向上拖曳图像顶部的裁剪边界，增加人物背景，如图 2-44 所示。单击"提交当前裁剪操作"按钮。

扫码观看微课视频

图 2-43　选中裁剪工具　　　　　　　　　图 2-44　调整裁剪边界

③ 使用"矩形选框工具"选择图像顶部空白部分，执行"编辑"→"填充"命令，打开"填充"对话框，如图 2-45 所示。

④ 选择"内容识别"选项，单击"确定"按钮。按组合键【Ctrl+D】，取消选区，图像效果如图 2-46 所示。

图 2-45　"填充"对话框　　　　　　　　　图 2-46　填充效果

⑤ 单击工具箱中的"裁剪工具"，设置宽度与高度的比例为 3.5∶5.3，拖曳裁剪边界，调整剪裁定界框大小，如图 2-47 所示。单击"提交当前裁剪操作"按钮。

⑥ 执行"图像"→"图像大小"命令，弹出"图像大小"对话框，设置参数，如图 2-48 所示。单击"确定"按钮，完成操作。

图 2-47　调整裁剪定界框大小　　　　　　　图 2-48　调整图像大小

- 透视裁剪工具

使用透视裁剪工具时可以旋转或者扭曲裁剪定界框。裁剪后可对图像应用透视变换,其选项栏如图 2-49 所示。

图 2-49  透视裁剪工具选项栏

- 切片工具

切片工具的主要作用是在设计网页时对图像进行切割,其选项栏如图 2-50 所示。

图 2-50  切片工具选项栏

- 切片选择工具

切片选择工具用于对切片进行选择、移动和进一步编辑,其选项栏如图 2-51 所示。

图 2-51  切片选择工具选项栏

 **提示**

"裁切"命令实质上是一种特殊的裁剪方法,当图像四周有空白内容时可以直接将其去除,而不必使用裁剪工具。

---

**操作演示——使用裁剪工具拉直图像**

① 打开素材图像,选择工具箱中的"裁剪工具",单击选项栏上的"拉直"按钮,在图像上沿木栅栏倾斜方向拉出一条直线,如图 2-52 所示。

② 单击"提交当前裁剪操作"按钮,拉直效果如图 2-53 所示。

图 2-52  拉出直线

图 2-53  拉直效果

扫码观看微课视频

## 2.3  分析工具

分析工具主要用于对图像中的颜色、像素和尺寸进行分析、采样和计算,主要包括吸管工具 、

3D 材质吸管工具 、颜色取样器工具 、标尺工具 、注释工具 和计数工具 。

### 2.3.1　吸管工具和 3D 材质吸管工具

　　吸管工具可以吸取指定位置图像的"像素"颜色。在使用"吸管工具"时，用户可以在选项栏中设置参数以便更准确地选取颜色，其选项栏如图 2-54 所示。

图 2-54　吸管工具选项栏

　　"取样大小"用来设置吸取的颜色的范围。在默认状态下，选择的是"取样点"，它吸取单个像素的颜色。选择其他选项时，会按照设定的区域大小进行颜色取样，而不是吸取单个像素的颜色。

　　3D 材质吸管工具只能在 3D 文件中使用，使用 3D 材质吸管工具，将 3D 对象上的材质"吸"到"3D"面板中。用户可以在"3D"面板中对吸取的材质进行编辑修改，其选项栏如图 2-55 所示。

图 2-55　3D 材质吸管工具选项栏

### 2.3.2　颜色取样器工具

　　颜色取样器工具可以在图像上放置取样点，而每一个取样点的颜色值都会显示在"信息"面板中，如图 2-56 所示。通过设置取样点，可以在调整图像的过程中观察颜色值的变化状况。

图 2-56　颜色取样

### 2.3.3　标尺工具

　　标尺工具常用来绘制线条以测量直线距离和角度，其选项栏如图 2-57 所示。

图 2-57　标尺工具选项栏

### 2.3.4　注释工具

　　注释工具用于记录文字信息，而文字本身不作为设计文档的编辑内容。用户可以利用此工具做一些标注说明，其选项栏如图 2-58 所示。

图 2-58　注释工具选项栏

### 2.3.5　计数工具

计数工具可以手动对图像中的对象进行计数，且计数结果会在存储文件时存储。其选项栏如图 2-59 所示。

图 2-59　计数工具选项栏

## 2.4　修饰工具

修饰工具是图像处理中较常用的工具，它们能够实现神奇的效果，学会使用这些工具是学习 Photoshop CS6 重要的环节。

### 2.4.1　修复画笔工具组

修复画笔工具组里的工具主要用于图像的修饰，在处理图像的瑕疵和拼接痕迹等方面尤为强大。该工具组中包括污点修复画笔工具 、修复画笔工具 、修补工具 、内容感知移动工具 和红眼工具 。

- 污点修复画笔工具

污点修复画笔工具可以快速去除图像上的污点、划痕和其他不理想的部分。它可以使用图像或图案中的样本像素进行绘画，并将样本像素的纹理、光照、透明度和阴影与所修饰的像素相匹配，还可以自动从所修饰区域的周围取样，其选项栏如图 2-60 所示。

图 2-60　污点修复画笔工具选项栏

- 修复画笔工具

修复画笔工具可以利用图像或图案中的样本像素来绘画。该工具可以从被修饰区域的周围取样，使用图像或图案中的样本像素进行绘画，并将样本的纹理、光照、透明度和阴影等与所修饰的像素匹配，从而去除图像或图案中的污点和划痕，且修饰后的效果不会产生人工修饰的痕迹。

- 修补工具

修补工具可以用其他区域或图像中的像素来修饰选中的区域。与修复画笔工具一样，修补工具会将样本像素的纹理、光照和阴影与源像素进行匹配。但修补工具需要用选区来确定修饰范围，这是它的特别之处。其选项栏如图 2-61 所示。

图 2-61　修补工具选项栏

- 内容感知移动工具

内容感知移动工具可以将图像中的对象移动到图像中的其他位置，并且在对象原来的位置自动填充附近的图像内容。选择工具箱中的"内容感知移动工具"，其选项栏如图 2-62 所示。

图 2-62　内容感知移动工具选项栏

- 红眼工具

Photoshop CS6 中的红眼工具的功能是去除图像中人物的红眼效果。只需选择该工具，在红眼位置单击鼠标左键即可修正红眼。其选项栏如图 2-63 所示。

图 2-63　红眼工具选项栏

---

**操作演示——使用污点修复画笔工具去除面部污点**

① 打开素材图像，如图 2-64 所示。选择工具箱中的"污点修复画笔工具"。

② 单击选项栏上画笔选取器右侧三角形，在打开的下拉面板中设置画笔参数，如图 2-65 所示。在图像上黑色污点位置多次单击鼠标左键，完成去除面部污点操作，如图 2-66 所示。

扫码观看微课视频

图 2-64　打开素材图像　图 2-65　设置画笔参数　图 2-66　完成效果

---

**操作演示——使用修复画笔工具制作红心环绕效果**

① 打开素材图像，选择"修复画笔工具"。

② 打开画笔选取器，设置"大小"和"间距"等参数，如图 2-67 所示。在按住【Alt】键的同时在图像的红心上单击鼠标左键，完成取样操作。

③ 在画面上移动鼠标光标，可以看到一个圆圈。圆圈内显示的为复制的图像内容。用户可在任意处单击鼠标左键以复制多个红心，制作红心环绕人物的效果，如图 2-68 所示。

扫码观看微课视频

图 2-67　设置画笔属性　　　　　　图 2-68　制作红心环绕效果

---

**操作演示——使用修补工具去除照片签名**

① 打开素材图像，如图 2-69 所示。在工具箱中选择"修补工具"。

② 按下鼠标左键并拖曳，在图像上绘制要修饰的范围的边界，释放鼠标左键后获得选区，如图 2-70 所示。将鼠标光标移动到选区内，按住鼠标左键不放，将选区内容拖曳到取样位置，效果如图 2-71 所示。

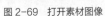
图 2-69　打开素材图像

图 2-70　创建选区

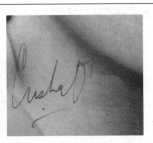
图 2-71　取样修饰

③ 释放鼠标左键，之前选区内有签名的部分即被修饰，如图 2-72 所示。使用相同的方法执行多次操作直至签名被去除，如图 2-73 所示。

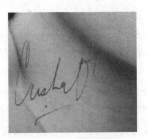
图 2-72　修饰效果

图 2-73　完成去除签名操作

扫码观看微课视频

**操作演示——使用内容感知移动工具调整人物距离**

① 打开素材图像，如图 2-74 所示。在工具箱中选择"内容感知移动工具"。按住鼠标左键拖曳，创建图 2-75 所示的选区。

图 2-74　打开素材图

图 2-75　创建选区

扫码观看微课视频

② 将鼠标光标移动到选区内，按住鼠标左键向右侧拖曳，如图 2-76 所示。释放鼠标左键，按组合键【Ctrl+D】取消选区，效果如图 2-77 所示。

图 2-76　拖曳选区内容

图 2-77　图像效果

### 2.4.2　画笔工具组

画笔工具组包括画笔工具 🖌、铅笔工具 ✏、颜色替换工具 🖌 和混合器画笔工具 🖌 4 种工具，用来制作形式多样的绘画效果，使图像变得更加丰富多彩。

- 画笔工具

在 Photoshop CS6 中，画笔工具的应用比较广泛，使用它可以绘制出比较柔和的线条，就像用毛笔画出的线条一样。画笔工具不仅可以绘制图形，还可以用来修改蒙版和通道的显示效果。其选项栏如图 2-78 所示。

图 2-78　画笔工具选项栏

未启用喷枪功能时，单击鼠标左键一次便填充一次，当启用喷枪功能后，按住鼠标左键不放，则可以持续填充。

只有在连接绘画板之后，"绘画板压力控制不透明度"按钮和"绘画板压力控制大小"按钮才会起作用。当按下这两个按钮后，用户在选项栏中的参数设置将不会影响到绘画的质量。

- 铅笔工具

铅笔工具可以创建硬边的画线，它与画笔工具选项栏的不同之处在于增加了"自动抹除"复选框。其选项栏如图 2-79 所示。

图 2-79　铅笔工具选项栏

勾选"自动抹除"复选框，在窗口中按下鼠标左键拖曳绘制时，可将该区域涂抹成前景色，如果将光标放在刚刚抹除的区域上再次进行涂抹，则该区域将被涂抹成背景色。

铅笔工具和画笔工具的区别在于，画笔工具既可以绘制带有柔边效果的线条，也可以绘制带有硬边效果的线条，而铅笔工具则只能绘制硬边效果的线条。

- 颜色替换工具

使用颜色替换工具可以将前景色替换为图像中的颜色，其选项栏如图 2-80 所示。

图 2-80　颜色替换工具选项栏

- 混合器画笔工具

使用混合器画笔工具可以在一个混合器画笔笔尖上定义多个颜色，以逼真的混色进行绘画。也可以使用潮湿值为 0 的干的混合器画笔混合照片颜色，将照片转化为一幅美丽的图画。其选项栏如图 2-81 所示。

图 2-81　混合器画笔工具选项栏

### 2.4.3 图章工具组

图章工具组包括仿制图章工具  和图案图章工具 两种工具，接下来逐一进行讲解。

- 仿制图章工具

仿制图章工具可完成复制或去除图像中部分区域的效果，此效果既可以应用在同一图像的不同区域，也可以在不同图像上使用，它常被用于消除图像中的斑点与瑕疵，其选项栏如图 2-82 所示。

图 2-82　仿制图章工具选项栏

- 图案图章工具

图案图章工具可以利用 Photoshop CS6 提供的图案或自定义图案在设计文档中进行填充，其选项栏如图 2-83 所示。

图 2-83　图案图章工具选项栏

---

**操作演示——使用仿制图章工具复制金鱼**

① 打开素材图像，如图 2-84 所示。在工具箱中选择"仿制图章工具"。打开"仿制源"面板，设置各项参数，如图 2-85 所示。

扫码观看微课视频

图 2-84　打开素材　　　　　　　　　图 2-85　设置参数

② 按住键盘上的【Alt】键并在金鱼图像上单击鼠标左键，完成取样。移动鼠标光标到图像其他位置，拖曳绘制，效果如图 2-86 所示。修改"仿制源"面板参数，多次拖曳绘制，制作图 2-87 所示的效果。

图 2-86　复制金鱼效果　　　　　　　　图 2-87　最终复制效果

---

**操作演示——使用图案图章工具制作多图案橙子**

① 打开素材图像，如图 2-88 所示。在工具箱中选择"图案图章工具"。

② 单击工具选项栏图案选项右侧的小三角图标，打开图案拾色器，如图 2-89 所示。单击右上角的 按钮，在弹出的下拉列表中选择"自然图案"，单击"确定"按钮，如图 2-90 所示。

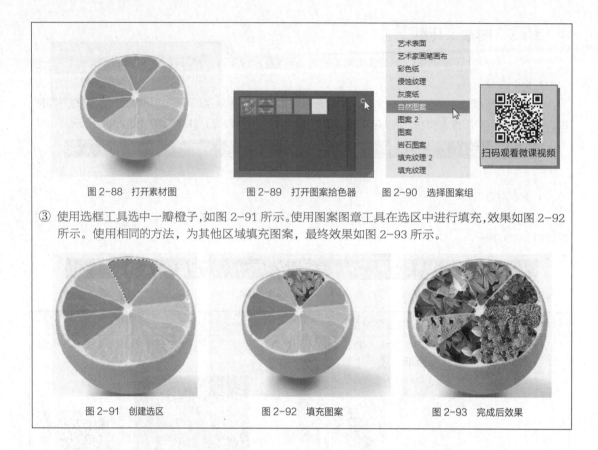

图 2-88 打开素材图 　　　　图 2-89 打开图案拾色器 　　　　图 2-90 选择图案组

③ 使用选框工具选中一瓣橙子，如图 2-91 所示。使用图案图章工具在选区中进行填充，效果如图 2-92 所示。使用相同的方法，为其他区域填充图案，最终效果如图 2-93 所示。

图 2-91 创建选区 　　　　图 2-92 填充图案 　　　　图 2-93 完成后效果

### 2.4.4　历史记录画笔工具组

历史记录画笔工具组包括历史记录画笔工具 ⟋ 和历史记录艺术画笔工具 ⟋，它们的作用与"历史记录"面板的作用类似。

"历史记录"面板中记录了在设计文档中的每一次操作，用户要恢复到之前的某一步的编辑状态，在"历史记录"面板中单击选择相对应的步骤即可。而历史记录画笔工具则可以只恢复局部的图像。

* 历史记录画笔工具

使用历史记录画笔工具可以将局部画面恢复到之前的状态，也可以通过设置不同的参数实现丰富的混合效果。其选项栏如图 2-94 所示。

图 2-94 历史记录画笔工具选项栏

* 历史记录艺术画笔工具

历史记录艺术画笔工具使用指定的历史记录或快照中的源数据，以风格化描边进行绘画。通过使用不同的绘画样式、大小和容差，可以用不同的色彩和艺术风格模拟绘画的纹理，其选项栏如图 2-95 所示。

图 2-95 历史记录艺术画笔工具选项栏

操作演示——使用历史记录画笔为人物面部磨皮

① 打开"241001.jpg"素材图像，如图 2-96 所示。

② 执行"图像"→"调整"→"亮度/对比度"命令，打开"亮度/对比度"对话框，设置参数，如图 2-97 所示。

图 2-96　打开素材图

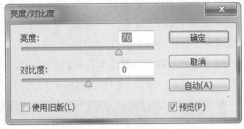

图 2-97　设置参数

③ 执行"滤镜"→"模糊"→"高斯模糊"命令，打开"高斯模糊"对话框，设置各项参数，如图 2-98 所示。

④ 执行"窗口"→"历史记录"命令，打开"历史记录"面板，在"复制图像"历史记录前单击鼠标左键，如图 2-99 所示，将其指定为绘画源。

图 2-98　设置模糊数值

图 2-99　指定绘画源

⑤ 选中"历史记录画笔工具"，设置画笔参数，如图 2-100 所示。

⑥ 在图像中人物的眼睛、嘴唇和头发位置涂抹，绘制前后的效果对比如图 2-101 所示。

图 2-100　设置画笔参数

图 2-101　效果对比

扫码观看微课视频

### 2.4.5　橡皮擦工具组

橡皮擦工具组包括橡皮擦工具 、背景橡皮擦工具 和魔术橡皮擦工具 3 个工具。该工具组主要用于擦除图像中的像素，实质上类似于画笔工具，只不过画笔工具在擦除像素时，会用另一种像素去填充画布。

- 橡皮擦工具

如果在背景图层或锁定了透明区域的图像中使用橡皮擦工具，则被擦除的部分会显示为背景色，用户使用该工具处理其他图层时，可擦除擦拭区域中的任何像素。其选项栏如图 2-102 所示。

图 2-102　橡皮擦工具选项栏

使用橡皮擦工具擦除一个区域后，勾选"抹到历史纪录"选项，再次使用橡皮擦工具擦拭时，会在擦拭区域内恢复上一步擦除的像素。

- 背景橡皮擦工具

背景橡皮擦工具是一种智能橡皮擦工具，具有自动识别对象边缘的功能，它可采集画笔中心的色样，并将画笔内出现的这种颜色删除，使擦拭区域成为透明区域。其选项栏如图 2-103 所示。

图 2-103　背景橡皮擦工具选项栏

- 魔术橡皮擦工具

用户使用魔术橡皮擦工具可以擦除图像中的类似颜色，通过对容差值的设置，可以擦除一定容差值范围内的相邻颜色，被擦拭区域会显示为透明效果。

魔术橡皮擦工具的功能相当于魔棒工具加上背景橡皮擦工具的功能。其选项栏如图 2-104 所示。

图 2-104　魔术橡皮擦工具选项栏

---

**操作演示——使用背景橡皮擦工具擦除背景**

① 打开素材图像，如图 2-105 所示。选择背景橡皮擦工具。在设计文档中移动光标，光标会显示为 ⊕。如果用户将光标始终放在背景上，Photoshop CS6 会自动识别背景，拖曳光标，在钟表边缘外侧移动，擦除背景效果如图 2-106 所示。

② 使用橡皮擦工具将背景完全擦除，最终效果如图 2-107 所示。

图 2-105　打开素材图　　　图 2-106　擦除背景　　　图 2-107　擦除效果

扫码观看微课视频

---

## 2.4.6　填充工具组

填充工具组包括渐变工具 ▢、油漆桶工具 ▨ 和 3D 材质拖放工具 ▨ 3 个工具。渐变工具和油漆桶工具可以用来为选区和路径形状填充指定颜色或图案。

- 渐变工具

渐变工具可以创建多种颜色均匀过渡的混合色彩并填充，其选项栏如图 2-108 所示。

图 2-108　渐变工具选项栏

渐变工具有 5 种渐变类型可供选择，分别为线性渐变 ▢、径向渐变 ▢、角度渐变 ▢、对称渐变 ▢

和菱形渐变 ■，不同类型的渐变效果如图 2-109 所示。

图 2-109　5 种不同渐变样式的绘画效果

- 油漆桶工具

在图像中有选区的情况下，使用油漆桶工具可以填充选区内与鼠标单击处像素相似且相邻的区域；如果在图像中没有创建选区，使用此工具则会填充整个图像内与鼠标单击处像素相似且相邻的区域。其选项栏如图 2-110 所示。

图 2-110　油漆桶工具选项栏

- 3D 材质拖放工具

3D 材质拖放工具只能在 3D 图层中使用，可以将所选 3D 材质通过拖曳的方式应用到 3D 对象上。其选项栏如图 2-111 所示。

图 2-111　3D 材质拖放工具选项栏

---

**操作演示——使用油漆桶工具创建材质样本图**

① 打开素材"红岩样本.psd"，在"图层"面板中选择"背景"图层，如图 2-112 所示。选择"油漆桶"工具，在画布上单击鼠标左键，填充如图 2-113 所示的前景色。

扫码观看微课视频

图 2-112　选中背景图层　　　　图 2-113　填充前景色

② 使用"椭圆选框工具"在画布中绘制圆形选区。选择"油漆桶工具"，选择图案并填充选区，填充效果如图 2-114 所示。

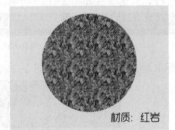

图 2-114　用图案填充选区

**操作演示——使用 3D 材质拖放工具改变 3D 对象的材质**

① 打开素材"红岩样本.psd"，为画布中间的图案创建选区。

② 执行"3D"→"从当前选区新建 3D 凸出"命令，创建 3D 对象并单击选项栏上的"旋转 3D 对象"按钮，拖曳 3D 对象，使其呈现立体效果，如图 2-115 所示。

③ 选择工具箱中的"3D 材质拖放工具"，单击选项栏上的"材质"拾色器，选择"牛仔布"选项，如图 2-116 所示。在 3D 对象上单击鼠标左键，改变 3D 对象的材质，如图 2-117 所示。

扫码观看微课视频

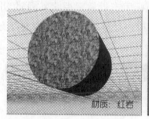
图 2-115　创建 3D 凸出

图 2-116　选择材质

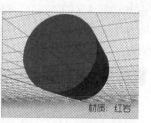
图 2-117　对象材质效果

### 2.4.7　涂抹工具组

涂抹工具组包括模糊工具 、锐化工具 和涂抹工具 3 种工具。该工具组主要用于修饰图像，用户使用此工具时只需在图像上按下鼠标左键并拖曳，即可对图像的局部细节进行修饰。

● 模糊工具

模糊工具可以柔化图像的边缘，降低相邻像素的对比度。它经常被用于消除图像的杂点或折痕，起到融合周围图像的效果，使图像看上去比较平顺，其选项栏如图 2-118 所示。

图 2-118　模糊工具选项栏

● 锐化工具

锐化工具可以提高图像中相邻像素之间的对比度，使图像看上去清晰，其选项栏如图 2-119 所示。

图 2-119　锐化工具选项栏

● 涂抹工具

用户选择"涂抹工具"，在图像上拖曳，可以模拟出类似于手指划过湿油漆的效果，这是一个混合和搅拌颜色的过程，其选项栏如图 2-120 所示。

图 2-120　涂抹工具选项栏

涂抹工具组 3 种工具的应用效果如图 2-121 所示。

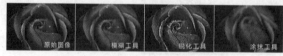
图 2-121　涂抹工具组的工具的应用效果

### 2.4.8　加深工具组

加深工具组包括减淡工具 、加深工具 和海绵工具 3 种工具，主要用于润饰图像，使用这些工具可以调整图像色调和饱和度。加深工具组的使用方法跟涂抹工具组相同，只需要选择工具，在画布中拖曳即可。

- 减淡工具

减淡工具是色调工具，可以用来改变图像选定区域的曝光度，使图像变亮，其选项栏如图 2-122 所示。

图 2-122　减淡工具选项栏

- 加深工具

加深工具与减淡工具一样，也是色调工具，其可以改变图像特定区域的曝光度，使图像变暗。其选项栏如图 2-123 所示。

图 2-123　加深工具选项栏

- 海绵工具

使用海绵工具能够非常精确地提高或降低图像的饱和度。在灰度模式图像中，海绵工具通过使灰阶远离或靠近中间灰色来提高或降低对比度，其选项栏如图 2-124 所示。

图 2-124　海绵工具选项栏

加深工具组 3 种工具的应用效果如图 2-125 所示。

图 2-125　加深工具组的工具的应用效果

## 2.5　图形和文本工具

随着 Photoshop 版本的不断升级，Photoshop 已经从一个位图处理软件发展成为一个可以绘制矢量图、制作动画和编辑 3D 对象的综合性软件。使用 Photoshop CS6 的各种图形工具能够绘制精美的矢量图形和图标。

### 2.5.1　钢笔工具组

钢笔工具组包括钢笔工具 、自由钢笔工具 、添加锚点工具 、删除锚点工具 和转换点工具 5 种工具。添加锚点工具、删除锚点工具和转换点工具是对绘制完成的路径进行再次编辑的工具。

- 钢笔工具

钢笔工具是 Photoshop CS6 中最强大的绘图工具，使用钢笔工具可以绘制任意开放或封闭的路径或形状。Photoshop CS6 对钢笔工具进行了一系列的优化改进，使其绘制出的图形具有更丰富的效果，其选项栏如图 2-126 所示。

图 2-126　钢笔工具选项栏

- 自由钢笔工具

自由钢笔工具用来绘制比较随意的图形，在画布中按住鼠标左键拖动光标即可绘制路径，通过光标移动的轨迹建立路径的形状，Photoshop CS6 会自动为路径添加锚点，其选项栏如图 2-127 所示。

图 2-127　自由钢笔工具选项栏

勾选选项栏上"磁性的"选项时，其使用方法与磁性套索工具类似，自由钢笔工具的绘制效果如图 2-128 所示。

图 2-128　未勾选"磁性的"选项与勾选"磁性的"选项的不同效果

- 添加锚点工具、删除锚点工具和转换点工具

默认情况下，选择"钢笔工具"，将光标移动到所选路径上时，它会自动变成"添加锚点工具"，单击鼠标左键即可在路径上增加一个锚点。选择"钢笔工具"，将光标移动到锚点上时，它会变成"删除锚点工具"，单击鼠标左键即可删除此锚点。

选择"转换点工具"，在锚点上按住鼠标左键拖曳，可以使锚点在平滑点和角点之间相互转换。

**操作演示——使用钢笔工具绘制路径**

① 选择工具箱中的"钢笔工具"，在选项栏中设置工具模式为"路径"。将光标移至画布中，当光标变为 ﹗.形状时，单击鼠标左键即可创建一个锚点，将光标移至下一个位置，单击鼠标左键即可创建第 2 个锚点，两个锚点会连接成一条由角点定义的直线路径，如图 2-129 所示。
② 使用相同的方法，在其他位置单击鼠标左键创建第 2 条直线路径，如图 2-130 所示。将光标移至第 1 个锚点上，光标变为 ﹗.形状时，单击鼠标左键即可闭合路径，如图 2-131 所示。

图 2-129　绘制直线路径　　　图 2-130　绘制第 2 条路径　　　图 2-131　闭合路径

③ 选择工具箱中的"钢笔工具"，在选项栏中设置工具模式为"路径"。将光标移至画布中，按住鼠标左键不放并拖曳，创建一个平滑锚点，如图 2-132 所示。
④ 将光标移至下一个位置，按住鼠标左键不放并拖曳，创建第 2 个平滑锚点，如图 2-133 所示。使用相同的方法，继续创建平滑点，完成一段平滑的曲线路径的绘制，如图 2-134 所示。

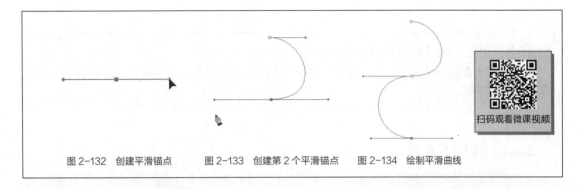

图 2-132　创建平滑锚点　　　　图 2-133　创建第 2 个平滑锚点　　　　图 2-134　绘制平滑曲线

**操作演示——使用钢笔工具绘制心形路径**

① 新建一个 Photoshop 文档，设置文档各项参数，如图 2-135 所示。执行"视图"→"显示"→"网格"命令显示网格。

② 在工具箱中选择"钢笔工具"，设置工具模式为"形状"，在画布中单击鼠标左键创建一个锚点，如图 2-136 所示。

图 2-135　新建文档

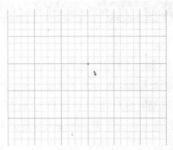

图 2-136　创建锚点

③ 将光标移至下一个位置，按下鼠标左键并拖曳绘制图 2-137 所示的曲线。

④ 将光标移至下一个位置，按下鼠标左键并拖曳绘制图 2-138 所示的曲线。

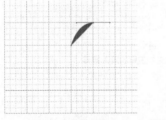

图 2-137　绘制曲线

图 2-138　绘制曲线

⑤ 将光标移至下一个位置，单击鼠标左键，创建一个角点，如图 2-139 所示。

⑥ 继续使用相同的方法，完成心形形状的绘制，完成后的效果如图 2-140 所示。

图 2-139　创建角点

图 2-140　心形形状

> **常用小技能**：结合【Shift】键使用钢笔工具
>
> 　在绘制曲线路径并调整方向线时，用户按住【Shift】键拖动鼠标可以将方向线的方向控制在以 45°角为增量的角度上。

### 2.5.2　文字工具组

文字工具组是用来在图像上创建文字的，该工具组包括横排文字工具 T、直排文字工具 IT、横排文字蒙版工具 T 和直排文字蒙版工具 IT 4 种工具。

- 横排文字工具和直排文字工具

用户在工具箱中选择"横排文字工具"或"直排文字工具"后，在画布中单击鼠标左键即可输入文字。横排文字工具和直排文字工具的使用方法基本相同，只是在文字的排列方向上不同。

横排文字工具与直排文字工具实质上属于矢量工具，横排文字工具选项栏如图 2-141 所示。

图 2-141　横排文字工具选项栏

- 横排文字蒙版工具和直排文字蒙版工具

横排文字蒙版工具和直排文字蒙版工具实质上属于选区工具。用户在画布上单击鼠标左键即可输入文字，退出文字编辑状态后文字会转换为根据文字创建的选区。

文字工具组的 4 种文字工具的录入效果如图 2-142 所示。

图 2-142　4 种文字工具的录入效果

### 2.5.3　形状工具组

形状工具组包括矩形工具 ■、圆角矩形工具 ■、椭圆工具 ●、多边形工具 ●、直线工具 / 和自定形状工具 ★ 6 种矢量工具，该工具组用来快速绘制各种路径和形状。

- 矩形工具

选择矩形工具，在画布中按住鼠标左键拖曳，即可创建矩形形状，其选项栏如图 2-143 所示。

图 2-143　矩形工具选项栏

单击选项栏上的"几何选项"按钮 ⚙，打开"几何选项"面板，用户可在"几何选项"面板中设置矩形的参数，如图 2-144 所示。在工具箱中选择"矩形工具"后，在画布中直接单击鼠标左键，弹出"创建矩形"对话框，在对话框中设置参数，可以创建指定宽度和高度的矩形形状，如图 2-145 所示。

图 2-144 "几何选项"面板　　　　图 2-145 "创建矩形"对话框

**常用小技能：**结合【Shift】键使用矩形工具

使用矩形工具在画布中绘制矩形时，按住【Shift】键可以直接绘制正方形；按住【Alt】键将绘制以单击点为中心的矩形；同时按住【Shift】键和【Alt】键，将绘制以单击点为中心的正方形。

- 圆角矩形工具和椭圆工具

圆角矩形工具和椭圆工具的使用方法与矩形工具基本相同，圆角矩形工具选项栏如图 2-146 所示。

图 2-146 圆角矩形工具选项栏

圆角矩形的圆角半径设置得越大，所绘制的矩形的圆角弧长越大。

- 多边形工具

选择多边形工具后，用户可通过设置"几何选项"的参数来绘制星形，其选项栏如图 2-147 所示。

图 2-147 多边形工具选项栏

- 直线工具

直线工具可以用来绘制粗细不同的直线或带有箭头的线段。单击工具选项栏上的"几何选项"按钮 ，在弹出的"箭头"面板中可以设置箭头的相关选项，其选项栏如图 2-148 所示。

图 2-148 直线工具选项栏

- 自定形状工具

Photoshop CS6 中提供了大量的预设形状，包括箭头、标识和指示牌等。用户还可以载入外部形状和保存自定义形状，其选项栏如图 2-149 所示。

图 2-149 自定形状工具选项栏

**操作演示——使用自定形状工具绘制红色奖杯**

① 新建一个 Photoshop 文档，在工具箱中选择"自定形状工具"，在工具选项栏上设置工具模式为"形状"，设置填充颜色为红色，如图 2-150 所示。

② 单击打开"自定形状"拾色器，单击右上角的 按钮，选择"全部"选项，单击"追加"按钮，拾色器效果如图 2-151 所示。

③ 在"自定形状"拾色器中选择"奖杯"图标，在画布中按下鼠标左键并拖曳，绘制红色奖杯，如图 2-152 所示。

扫码观看微课视频

图 2-150 设置工作模式和填充颜色　　图 2-151 追加形状　　图 2-152 绘制红色奖杯

### 2.5.4　路径选择工具和直接选择工具

在 Photoshop CS6 中，使用路径选择工具和直接选择工具可以选择路径和编辑锚点。这两种工具的选项一致，直接选择工具选项栏如图 2-153 所示。

图 2-153　直接选择工具选项栏

路径选择工具主要用来选择和移动整个路径。使用该工具选择路径后，路径的所有锚点为选中状态且为实心方点，用户可直接对路径进行移动操作，如图 2-154 所示。

使用直接选择工具选择路径，不会自动选中路径中的锚点。此时，锚点为空心方点状态，用户可以通过单击选中单个锚点并进行编辑操作，如图 2-155 所示。

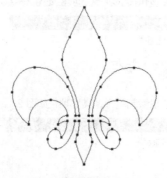
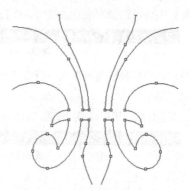

图 2-154　用路径选择工具选中路径　　　　　图 2-155　用直接选择工具选中路径

## 2.6　导航工具

导航工具用于编辑设计文档时，对图像进行放大、缩小和局部移动、视觉旋转的工具，导航工具虽然不会改变图像本身，但与图像处理密不可分。

### 2.6.1　抓手工具组

● 抓手工具

抓手工具用来在编辑图像的过程中移动画布。选择该工具后，在画布中按下鼠标左键并拖曳即可移动画布。如果同时打开多个图像文件，勾选抓手工具选项栏上的"滚动所有窗口"选项时，移动画布的操作将作用于所有不能完整显示的图像，其选项栏如图 2-156 所示。

图 2-156　抓手工具选项栏

**常用小技能**：如何快速使用抓手工具移动图像
　　在使用 Photoshop CS6 任何工具操作时，按下键盘上的空格键不放，即可快速切换到抓手工具，对图像执行移动操作。

• 旋转视图工具

使用旋转视图工具可在不破坏原图像的前提下旋转画布。如果用户想要恢复图像的原始角度，只需双击"旋转视图工具"即可，其选项栏如图 2-157 所示。

图 2-157　旋转视图工具选项栏

### 2.6.2　缩放工具

缩放工具可以帮助用户完成对图像的放大和缩小操作，当勾选工具选项栏上的"细微缩放"时，用户在画面中按下鼠标左键并拖曳时，将平滑地快速放大或缩小窗口，其选项栏如图 2-158 所示。

图 2-158　缩放工具选项栏

## 2.7　工具箱中的其他工具

在 Photoshop CS6 工具箱底部还包含设置前景色和背景色、以快速蒙版模式编辑和更改屏幕模式 3 个工具。

• 设置前景色和背景色

前景色和背景色在 Photoshop CS6 中有多种定义方法。在默认情况下，前景色和背景色分别为黑色和白色，其中前景色决定了使用绘画工具绘制的图像及使用文字工具创建的文字的颜色；背景色则决定了背景图像区域为透明时所显示的颜色，以及增加的画布的颜色。

---

**常用小技能：** 使用快捷键设置前景色和背景色

单击"默认前景色和背景色"按钮或按键盘上的【D】键，可以将前景色和背景色恢复为默认的颜色。单击"切换前景色和背景色"按钮或按键盘上的【X】键，可以切换前景色与背景色。

---

• 以快速蒙版模式编辑

快速蒙版也被称为临时蒙版。它并不是一个选区。当退出快速蒙版模式时，不被保护的区域变为一个选区，将选区作为蒙版编辑时可以使用几乎所有的 Photoshop CS6 工具或滤镜来修改该蒙版，被蒙版区域默认情况下指的是非选区部分。

• 更改屏幕模式

屏幕模式包含标准屏幕模式 ▣ 、带有菜单栏的全屏模式 ▢ 和全屏模式 ▣ 3 种，在默认状态下，Photoshop CS6 会以标准屏幕模式为显示模式，界面中显示菜单栏、标题栏、滚动条和其他屏幕元素，如图 2-159 所示。

带有菜单栏的全屏模式只显示菜单栏、50% 灰色的背景、无标题栏和滚动条的全屏窗口，如图 2-160 所示。

全屏模式又被称为专家模式，只显示黑色背景的全屏窗口，不显示标题栏 、菜单栏和滚动条，如图 2-161 所示。

图 2-159　标准屏幕模式

图 2-160　带有菜单栏的全屏模式

图 2-161　全屏模式

> **常用小技能：** 如何快速更改屏幕模式
>
> 　　按键盘上的【F】键可以在 3 种模式之间快速切换。在全屏模式下可以通过按键盘上的【F】键或【Esc】键退出全屏模式；按键盘上的【Tab】键可以隐藏/显示工具箱、面板和选项栏，按组合键【Shift+Tab】可以隐藏/显示面板。

# 2.8　本章小结

　　通过对本章的学习，读者应掌握 Photoshop CS6 的基本选择工具、裁剪和切片工具、分析工具、修饰工具、图形和文本工具、导航工具和其他工具的使用方法和技巧，通过本章中的操作演示，读者可以进一步熟悉命令和工具的使用，体会工具和命令在实际工作中的应用技巧。

# 2.9　课后测试

　　完成本章内容的学习后，接下来通过几道课后习题，测试一下读者的学习效果，同时加深对所学知识的理解。

### 2.9.1　选择题

（1）使用工具箱中的（　）可以移动图像图层或者选区中的对象。

　　A. 移动工具　　　　　　B. 直接选择工具　　　C. 选择工具　　　　　D. 套索工具

（2）下列工具中，哪个工具能够进行"拉直"操作？（　）

　　A. 魔棒工具　　　　　　B. 标尺工具　　　　　C. 切片工具　　　　　D. 裁剪工具

（3）按照键盘上的（　）键，可以完成仿制图章工具的取样操作。

　　A. Alt　　　　　　　　　B. Alt+1　　　　　　 C. C　　　　　　　　 D. Shift

（4）下拉选项中，不属于形状工具绘制模式的是？（　）

　　A. 路径　　　　　　　　B. 选区　　　　　　　C. 形状　　　　　　　D. 像素

（5）按下键盘上的（　）键，将进入快速蒙版编辑模式？（　）

　　A. Q　　　　　　　　　 B. B　　　　　　　　 C. 0　　　　　　　　 D. O

### 2.9.2　创新题

根据本章所学知识，使用"调整边缘"功能将人物轮廓抠出并与另一张背景图像合成，参考效果如图 2-162 所示。

图 2-162　合成图像效果

# 第 2 篇　进阶篇

　　本篇讲述了 Photoshop CS6 中图文编辑与辅助工具的使用、选区、路径和形状、图层与蒙版的使用、色彩的选择和调整、通道的使用、3D、动画和视频、滤镜和批处理、Web 图形、输出和打印等内容。通过学习本篇内容，读者应掌握使用 Photoshop CS6 进行画册设计、包装设计、字体设计、电商设计、网页设计、特效合成和商业修图等工作的方法。

# 第 3 章
# 图文编辑与辅助工具的使用

Photoshop CS6 中的文字类型分为点文字和段落文字,两种类型可以相互转换。通过将文字转换为形状后进行编辑可实现丰富的文字变形效果。文字变形在广告设计领域应用广泛,通过对本章的学习,读者可以在掌握图文编辑技巧的同时,了解海报和宣传单等印刷品的设计制作规范。

## 3.1 设计制作夏令营招募海报

海报是一种常用的广告宣传手段。无论是企业宣传商品,还是社团策划活动,在准备阶段都可以通过一张海报向外界传达活动的相关信息,起到宣传推广的作用。

本案例利用 Photoshop CS6 中文字和图片的编辑功能,设计一个夏令营活动的招募海报,海报最终效果如图 3-1 所示。

### 3.1.1 字体的获取

图 3-1 夏令营招募海报

用户在图文编辑过程中经常需要使用不同的字体来丰富画面,好的字体可以增加整个画面的设计感。用户可以登录字库品牌网站,购买和下载字体文件,图 3-2 所示为汉仪字库和方正字库的网站首页。

图 3-2 汉仪字库和方正字库网站首页

操作演示——安装字体

① 购买字体文件后，打开字体文件夹，如图 3-3 所示。在字库文件上单击鼠标右键，在弹出的快捷菜单中选择"安装"选项，如图 3-4 所示。

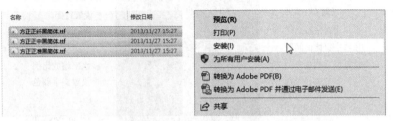

图 3-3　打开字体文件夹　　　　　　　　　图 3-4　安装字体

② 稍等片刻，即可完成字体的安装。启动 Photoshop CS6，单击工具箱中的"横排文字工具"按钮，在工具选项栏中打开字体选项下拉列表，查看安装的字体，如图 3-5 所示。

图 3-5　查看字体

扫码观看微课视频

## 3.1.2　选择文字

文字工具的选项栏中提供了文字设置的常用选项，如图 3-6 所示。如果要设置有关文字的全部选项，则需要在"字符"面板中完成。

图 3-6　文字工具的选项栏

单击工具箱中的"横排文字工具"，在画布中单击鼠标左键后即可输入文字。双击"图层"面板中文字图层缩略图，可以快速选中图层中的文字。用户也可以直接选择"横排文字工具"，拖动鼠标，选择单个文字或部分文字。选中文字后，可以在"字符"面板中对文字属性进行设置，如图 3-7 所示。

## 3.1.3　使用"字符"面板

执行"窗口"→"字符"命令，打开"字符"面板，如图 3-8 所示。单击"字符"面板上的图标，图

图 3-7　对所选文字进行设置

标后面的文本框中的参数值的背景色会变成蓝色，此时用户可以通过输入文字指定参数值。单击文本框后面的 ▼ 按钮，将会打开 Photoshop CS6 自带的选项列表。

"字符"面板中的文字样式一共有仿粗体、仿斜体、全部大写字母、小型大写字母、上标、下标、下画线和删除线 8 种，每种样式的效果如图 3-9 所示。

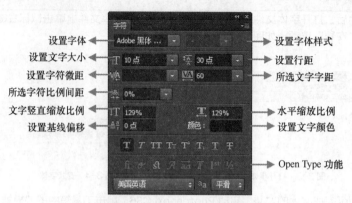

图 3-8　"字符"面板的选项与功能

图 3-9　"字符"面板中的文字样式

"字符"面板中 Open Type 功能的 8 个按钮从前到后依次为标准连字、上下文替代字、自由连字、花饰字、替代样式、标题替代字、序数字和分数字。

### 3.1.4　切换文字方向

使用文字工具可以创建横排和直排两种文字。执行"文字"→"取向"→"垂直"命令，可将横排文字转换为直排文字；执行"文字"→"取向"→"水平"命令，可将直排文字转换为横排文字，如图 3-10 所示。

用户也可以单击工具选项栏上的"切换文本取向"按钮 ，快速完成"直排文字"与"横排文字"的转换，如图 3-11 所示。

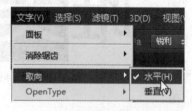

图 3-10　执行命令　　　　　　　　　图 3-11　"切换文本取向"按钮

### 3.1.5　使用"段落"面板

选择文字工具，在画布中按住鼠标左键拖曳，可以创建段落文字。创建段落文字后，用户可以根据需要拖曳调整文本框的大小，文本框中的文字会根据文本框的大小重新排列，如图 3-12 所示。用户还可以对文本框进行旋转、缩放和斜切等操作。

段落文字的格式主要是通过"段落"面板实现的，用户可以在"段落"面板中设置段落文字的段落对齐、段落缩进和段落间距等参数，"段落"面板如图 3-13 所示。

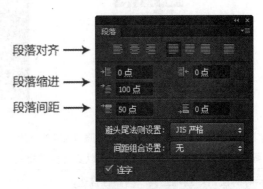

图 3-12　段落文字　　　　　　　　　　　　图 3-13　"段落"面板

### 3.1.6　点文字和段落文字的转换

选择文字工具，在画布中单击创建的文字为点文字，按住鼠标左键拖曳创建的文字为段落文字。点文字和段落文字主要的区别在于，点文字不能像段落文字那样通过随意拖曳调整框来改变文字排列的布局。

点文字和段落文字可以相互转换。执行"文字"→"转换为段落文本"命令，即可将点文字转换为段落文字；执行"文字"→"转换为点文字"命令，即可将段落文字转换为点文字，如图 3-14 所示。

图 3-14　将段落文字转换为点文字

　　　　将段落文字转换为点文字时，所有溢出定界框的字符都会被删除。因此，为避免丢失文字，应首先调整定界框，使所有文字在转换前都显示出来。

### 3.1.7　创建文字工作路径

如果想制作特殊的文字效果，通常需要将文字转换为工作路径。执行"文字"→"创建工作路径"命令，如图 3-15 所示，即可将文字转换为工作路径，用户可以在"路径"面板中查看转换为路径后的结果，如图 3-16 所示。

图 3-15　执行命令

图 3-16　"路径"面板

将文字转换为工作路径之后，将失去原本文字的属性。可以对路径设置不同的填充和描边样式，也可以通过调整锚点改变文字路径的轮廓，以实现更丰富的图形效果。

**操作演示——使用"画笔工具"为路径描边**

① 打开"31401.jpg"素材图像，如图 3-17 所示。使用"横排文字工具"在图像中单击并输入图 3-18 所示的文字。

图 3-17　打开图像

图 3-18　输入文字

② 选择文字图层，执行"文字"→"创建工作路径"命令，将文字转换为工作路径，如图 3-19 所示。单击文字图层左侧的眼睛图标，将文字图层隐藏，如图 3-20 所示。

图 3-19　转换为工作路径

图 3-20　隐藏文字图层

扫码观看微课视频

③ 新建图层，选择工具箱中的"画笔工具"，打开"画笔"面板，单击"画笔预设"选项卡，选择"凌乱三角形"画笔，如图 3-21 所示。执行"窗口"→"路径"命令，打开"路径"面板，连续单击"路径"面板下方的"用画笔描边路径"按钮 ◯ 3 次，效果如图 3-22 所示。

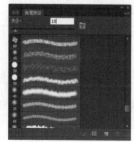
图 3-21　选择画笔

图 3-22　为路径描边效果

## 3.1.8　应用案例——设计制作夏令营招募海报

本案例将设计制作夏令营招募海报的主题文字。先使用文字工具输入文字内容，然后使用移动工具调整位置和大小，将文字栅格化后，配合键盘上的方向键，移动复制，完成文字阴影的制作。

扫码观看微课视频

 执行"文件"→"新建"命令，在"新建"对话框中设置参数，如图 3-23 所示。单击"确定"按钮。

 使用"横排文字工具"在画布中输入文字内容，并设置字体为"方正正准黑简体"，如图 3-24 所示。

图 3-23　新建文档

图 3-24　输入文字

 使用"移动工具"移动文字并分别设置文字的大小和角度，效果如图 3-25 所示。

 在"图层"面板中同时选中 3 个图层，单击鼠标右键，选择"栅格化文字"选项，如图 3-26 所示。

图 3-25　移动并设置文字大小

图 3-26　栅格化文字

 分别将"夏"和"令"图层的选区调出。设置前景色，如图 3-27 所示。执行"编辑"→"填充"命令，分别为选区填充前景色。

 按住键盘上的【Alt】键不放，重复按键盘上向上和向左的方向键移动复制"夏"和"令"图层，效果如图 3-28 所示。

图 3-27　设置前景色

图 3-28　移动复制

**STEP 07** 按组合键【Ctrl+J】复制图层，为其添加"颜色叠加"和"描边"图层样式，如图 3-29 所示。

 **STEP 08** 使用相同的方法制作"营"字的效果，完成后的文字效果如图 3-30 所示。

图 3-29　设置图层样式

图 3-30　文字效果

 **STEP 09** 将素材图像"椰树.png"拖曳到设计文档中，并移动其图层到文字图层下方，效果如图 3-31 所示。

 **STEP 10** 复制"椰树"图层，得到"椰树 副本"图层。并将"椰树 副本"图层移动到所有图层顶部，为该图层添加图层蒙版，使用"画笔工具"在蒙版中绘制黑色，效果如图 3-32 所示。

图 3-31　拖入图像素材

图 3-32　创建蒙版

 **STEP 11** 将素材图像"热气球 2.png"拖曳到设计文档中，调整大小和角度并移动到图 3-33 所示的位置。

 **STEP 12** 复制图层，执行"图像"→"调整"→"色相/饱和度"命令，设置"色相/饱和度"对话框中各项参数，如图 3-34 所示。

图 3-33　拖入图像素材

图 3-34　复制并调整色相

 **STEP 13** 选择工具箱中的"直排文字工具"，在画布中单击鼠标左键并输入文字。在"字符"面板中设置参数，如图 3-35 所示。

 **STEP 14** 将素材图像"沙滩背景.jpg"拖入设计文档，为其添加图层蒙版并置于底层，效果如图 3-36 所示。

图 3-35　设置"字符"面板中的参数

图 3-36　拖入背景图

将素材图像"彩虹.psd"和"海星.png"拖入设计文档，调整大小并移动到图 3-37 所示的位置。

选择"横排文字工具"，在画布中按住鼠标左键拖曳创建文字框，在"字符"面板中设置各项参数，如图 3-38 所示。

图 3-37　拖入素材

图 3-38　设置"字符"面板

输入文字内容，设置"段落"面板中各项参数，如图 3-39 所示。

拖曳文字框四周的控制点，调整段落文字的范围，效果如图 3-40 所示。

图 3-39　设置"段落"面板

图 3-40　调整文字框

使用"横排文字工具"输入图 3-41 所示的文字内容并在"字符"面板中设置各项参数。

将素材图像"遮阳椅.png"拖入设计文档，调整图像大小并移动到图 3-42 所示的位置。

图 3-41　输入文字

图 3-42　拖入图像

## 3.2    设计制作甜品店宣传单

宣传单是企业宣传形象和推广产品的主要工具。它能非常有效地将企业的产品和服务展示给大众，能够非常详细地说明产品的功能、用途及特点，被广泛地运用于展会、招商和产品出售等场景中。

本案例通过设计制作一个甜品店的宣传单，在向读者展示宣传单设计制作过程的同时，也帮助读者进一步掌握 Photoshop CS6 的操作方法和技巧，宣传单效果如图 3-43 所示。

### 3.2.1    栅格化文字图层

文字图层中不能使用 Photoshop CS6 中的一些工具和命令，例如变形和滤镜等。如果想使用特定的功能，可以将文字图层栅格化后使用。栅格化后的文字图层可以使用 Photoshop CS6 的所有功能。

图 3-43    甜品店宣传单效果

执行"文字"→"栅格化文字图层"命令，可将当前文字图层转换为普通图层，如图 3-44 所示。将文字图层栅格化为普通图层后，该图层将不再具有文字图层的特征，不能使用文字工具选中并修改文字内容。

在对文字图层执行滤镜命令时，Photoshop CS6 会提示将文字图层栅格化后才能继续操作，如图 3-45 所示。

图 3-44    栅格化命令                    图 3-45    提示必须栅格化

### 3.2.2    将文字转换为形状

在 Photoshop CS6 中完成设计文档的制作后，通常需要将设计文档输出并导入其他软件继续编辑，如果导入的对方设备没有设计文档中对应的字体，则会提示字体缺失。将文字转换为形状可以有效地避免字体缺失问题。

在广告设计中经常需要使用异形文字，如图 3-46 所示。这些异形文字通常都是通过将文字转换为形状后再次编辑所得到的。选择一个文字图层，执行"文字"→"转换为形状"命令，即可将文字转换为形状，如图 3-47 所示。

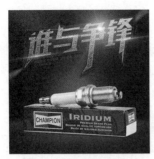

图 3-46  异形文字效果

图 3-47  将文字转换为形状

### 3.2.3  创建沿路径排列的文字

路径文字是指创建在路径上的文字。这种文字会沿着路径排列，而且在改变路径形状时，文字的排列方式也会随之变化。

创建路径后，选择文字工具，在路径上单击后输入文字，即可创建沿路径排列的文字，效果如图 3-48 所示。

图 3-48  沿路径排列的文字效果

操作演示——移动、翻转路径文字与编辑文字路径

① 打开"31801.psd"素材文件，单击"图层"面板中的文字图层，如图 3-49 所示。

② 选择"直接选择工具"或"路径选择工具"，将鼠标光标移动到文字上，鼠标光标指针变为 ⯈ 时按住鼠标左键沿路径拖曳移动文字，如图 3-50 所示。

③ 单击鼠标左键并向路径的另一侧拖曳文字可以将文字翻转，如图 3-51 所示。

图 3-49  打开素材  　　图 3-50  拖曳移动文字  　　图 3-51  翻转文字

④ 选择"直接选择工具"，在路径上单击，移动锚点或调整路径的形状，文字会沿修改后的路径重新排列，如图 3-52 所示。

扫码观看微课视频

图 3-52  调整文字路径形状

### 3.2.4　创建和设置文字变形

单击文字工具选项栏上的"创建文字变形"按钮 ，弹出"变形文字"对话框，该对话框中显示了文字的多种变形选项，包括文字的变形方向和变形程度。在"样式"下拉列表中有多种系统预设的变形样式，如图 3-53 所示。

图 3-53　文字变形选项设置

"弯曲"选项用于设置变形文字的弯曲程度，正值为向上弯曲，负值为向下弯曲；"水平扭曲"和"垂直扭曲"分别用于指定文字在水平和竖直方向的扭曲程度。用户可以通过拖曳滑块设置参数，如图3-54 所示，也可以直接在文本框中输入数值，如图 3-55 所示。

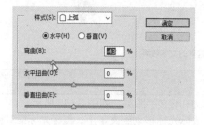

图 3-54　拖曳滑块设置参数

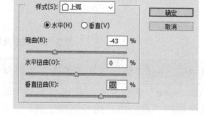

图 3-55　输入数值

对文字进行变形操作后，在没有将文字栅格化或转换为形状前，用户可以随时重置或取消变形。

选择文字，单击选项栏中的"创建文字变形"按钮或执行"文字"→"文字变形"命令，在弹出的"变形文字"对话框中修改参数即可重置文字变形。在"样式"下拉列表中选择"无"，单击"确定"按钮，可以直接取消文字变形效果。

---

**常用小技能：**快速调整图层的不透明度

　　在图层被选定的状态下，只需按键盘上的数字键即可改变图层的不透明度。例如，若先后按数字键【5】和【0】，则图层的不透明度会快速变成 50%。要使图层的不透明度恢复到 100%，按键盘上的【0】键即可。

---

### 3.2.5　样式的使用

用户可以在"字符样式"面板和"段落样式"面板中对常用的字符和段落进行样式的相关操作，将常用的字符或字符串的各项参数设置创建为一个文件，方便以后反复选用。此举可以大大提高工作效果，使用户从无意义的重复性操作中解放出来，"字符样式"面板与"段落样式"面板如图 3-56 所示。

当为字符或段落使用了字符样式或段落样式后，如果需要对文字的样式进行更改，只需要在"字符样

式"面板或"段落样式"面板中更改某个样式即
可将使用该样式的所有文字的样式统一更新，避
免了大量的重复操作，节省了工作时间。

### 3.2.6　清除和重新定义样式

在画布中输入新的文字或将其他设计文档
中的文字图层移动到当前设计文档中，选择当前

图 3-56　"字符样式"面板和"段落样式"面板

设计文档中"字符样式"面板中的一个已经设置好并保存的"字符样式"时，样式名称后会出现"+"
符号，表示当前文字的样式与设定的字符样式不符。此时，单击"字符样式"面板底部的"清除覆盖"
按钮 ，则可将选择的文字恢复到原有的字符样式。

要更改已有的字符样式，首先在"字符样式"面板中选择该字符样式，选中的字符样式名称后会出
现"+"符号。单击"字符样式"面板底部的"通过合并覆盖重新定义字符样式"按钮 ✔，该字符样
式将被更改为修改后的样式，应用了该样式的其他文字也将自动更改字符样式。

> **提示**
>
> 　　字符样式与段落样式只在当前设计文档中可以使用，新建一个设计文档时需要重新
> 对字符样式进行设置。如果要应用指定文档中的字符样式或段落样式，可以将要应用样
> 式的文字拖入指定文档，应用字符样式或段落样式后再拖回到当前设计文档中。

### 3.2.7　使用参考线

Photoshop CS6 中的标尺可以帮助确定图像或元素的位置，起到辅助定位的作用。显示标尺后，
用户可以从标尺中拖出参考线，实现更为精准地定位。

### 3.2.8　应用案例——设计制作甜品店宣传单

　　本案例将完成甜品店宣传单的设计制作。先通过创建辅助线标注出血线
位置，再使用"矩形选框工具"配合描边命令完成装饰线条的制作。

扫码观看微课视频

 执行"文件"→"新建"命令，新建一
个 Photoshop 文档，设置"新建"对
话框中的各项参数，如图 3-57 所示。

 执行"视图"→"标尺"命令，显示标尺。
将光标移动到左侧标尺上，按住鼠标左键
拖出图 3-58 所示的参考线。

图 3-57　新建文档

图 3-58　创建辅助线

STEP 03　执行"视图"→"新建参考线"命令，在弹出的"新建参考线"对话框中设置参数，如图 3-59 所示。

STEP 04　使用相同的方法创建另外两条参考线，如图 3-60 所示。

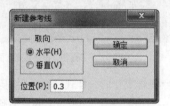

图 3-59　创建水平参考线

图 3-60　创建其他参考线

STEP 05　将素材图像"甜点 001.jpg"拖入设计文档，调整其大小并移动到图 3-61 所示的位置。

STEP 06　新建"图层 1"，使用"矩形选框工具"绘制矩形选区。执行"编辑"→"描边"命令，为选区描边，效果如图 3-62 所示。

图 3-61　拖入素材图

图 3-62　创建选区并描边

STEP 07　使用"矩形选框工具"选中局部边线并按键盘上的【Delete】键删除，如图 3-63 所示。

STEP 08　单击工具箱中的"自定形状工具"，设置"填充"颜色为 CMYK（0，100，30，0），在画布上创建"红心形卡"图形，如图 3-64 所示。

图 3-63　删除局部边线

图 3-64　创建心形图形

STEP 09　使用"矩形工具"创建一个矩形，移动其图层到图像图层下，设置图层不透明度为 30%，如图 3-65 所示。

STEP 10　选择"横排文字工具"，在画布中单击并输入文字，设置"字符"面板中各项参数，如图 3-66 所示。

图 3-65　绘制矩形

图 3-66　输入文字

| | | | |
|---|---|---|---|
|  | 选择文字图层,打开"字符样式"面板,单击"创建新的字符样式"按钮 ,设置"字符样式选项"对话框中的各项参数,如图 3-67 所示。 |  | 单击"确定"按钮,选择"横排文字工具",在画布中单击并输入文字,在"字符"面板中设置各项参数,如图 3-68 所示。 |

图 3-67 新建字符样式

图 3-68 设置"字符"面板中的参数

| | | | |
|---|---|---|---|
|  | 选择"横排文字工具",在画布中单击并输入文字,在"字符"面板中设置文字参数,如图 3-69 所示。 |  | 使用"横排文字工具",在画布中单击并输入文字,在"字符"面板中设置文字参数,如图 3-70 所示。 |

图 3-69 设置"字符"面板中的参数

图 3-70 设置"字符"面板中的参数

| | | | |
|---|---|---|---|
|  | 使用"横排文字工具"在画布中心形图形上输入文字,效果如图 3-71 所示。 |  | 使用相同的方法将几种文字的参数设置创建为字符样式,"字符样式"面板如图 3-72 所示。 |

图 3-71 输入文字

图 3-72 "字符样式"面板

| | | | |
|---|---|---|---|
|  | 选择"横排文字工具",在画布中单击并拖曳创建段落文字,在"字符"面板和"段落"面板中分别设置参数,如图 3-73 所示。 |  | 执行"窗口"→"段落样式"命令,打开"段落样式"面板,单击"创建新的段落样式"按钮,设置"段落样式选项"对话框中的各项参数,如图 3-74 所示。 |

图 3-73 设置"字符"和"段落"面板中的参数

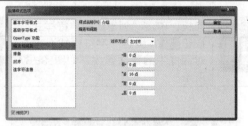

图 3-74 设置段落样式

**STEP 19**

使用相同方法制作页面中其他内容，为相同类型的文字应用相同的文字样式和段落样式。完成后的效果如图 3-75 所示。

**STEP 20**

执行"文件"→"新建"命令，新建一个 Photoshop 文档，设置"新建"对话框中的参数，如图 3-76 所示。

图 3-75 完成其他内容的制作

图 3-76 新建文档

**STEP 21**

设置前景色为 CMYK（0,100,30,0）并填充画布。使用"矩形工具"和"直排文字工具"制作图 3-77 所示的页面效果。

**STEP 22**

继续完成宣传单正面的制作，完成后的效果如图 3-78 所示。

图 3-77 绘制矩形并输入文字

图 3-78 宣传单正面效果

## 3.3 本章小结

本章通过制作夏令营招募海报和甜品店宣传单，在帮助读者了解图文编辑的方法和技巧的同时，也加深了读者对 Photoshop CS6 中文字和段落应用的理解。通过对本章的学习，读者应能够熟练地设置文字属性和制作文字变形效果，并能深刻体会广告设计中文字的作用和应用技巧。

# 3.4 课后测试

完成本章内容的学习后，接下来通过几道课后习题，测试一下读者的学习效果，同时加深对所学知识的理解。

## 3.4.1 选择题

（1）"字符"面板中共包含（ ）种文字样式。

    A. 8              B. 7              C. 6              D. 5

（2）用户也可以单击工具选项栏上的（ ）按钮，快速完成"直排文字"与"横排文字"的转换。

    A. 浏览           B. 切换文本取向      C. 转换          D. 对称

（3）将文字转换为工作路径后，用户可以在（ ）面板中查看转换为路径后的结果。

    A. 路径           B. 查看          C. 属性          D. 帮助

（4）用户可以在（ ）对话框中完成文字的变形操作。

    A. 变形文字        B. 自由变换      C. 水平翻转      D. 以上都不对

（5）当前文字的样式与设定的字符样式不符时，单击"字符样式"面板底部的（ ）按钮，即可将选择的文字恢复到原有的字符样式。

    A. 清除覆盖        B. 删除样式      C. 刷新样式      D. 新建样式

## 3.4.2 创新题

根据本章所学知识，使用文字功能并应用样式，设计制作一款产品优惠卡，参考效果如图 3-79 所示。

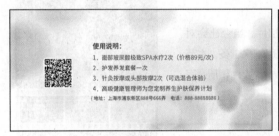

图 3-79　产品优惠卡效果

# 04

# 第4章
# 选区、路径和形状

选区是 Photoshop CS6 中很基础也很重要的功能，它可以使用户实现对图像的局部操作，而不影响其他部分的像素。通过路径和形状不仅可以更加精准地绘制图形，还可以将路径和形状转换为选区，实现更加精确的操作。

## 4.1 设计制作胶片相册效果

相册又称影集或照片集，主要用来收藏和保护相片。当今社会对艺术的追求越来越高，拍摄婚纱照和个人写真的用户也越来越多。本节将帮助读者掌握选区的使用方法和技巧，并设计制作一款胶片相册，完成后的胶片相册效果如图 4-1 所示。

图 4-1　胶片相册效果

### 4.1.1　移动选区

使用不同的选区工具创建选区后，将光标放到选区中，光标变为 ▶ 时，按住鼠标左键拖动鼠标即可移动选区，如图 4-2 所示。

图 4-2　移动选区

### 4.1.2　创建边界选区

使用选区工具创建图 4-3 所示的选区，执行"选择"→"修改"→"边界"命令，在弹出的"边界选区"对话框中设置参数,如图 4-4 所示。单击"确定"按钮,即可为该选区创建边界选区,如图 4-5 所示。

"边界"命令可以将选区的边界沿当前选区范围向内部和外部进行扩展,扩展出的区域形成一个新的选区。"边界选区"对话框中的"宽度"选项用来设置新生成的边界与当前边界之间的距离。

图 4-3　创建选区　　　　图 4-4　设置参数　　　　图 4-5　创建边界选区效果

### 4.1.3　扩展选区与收缩选区

如果希望在已创建的选区的基础上扩展选区,则需在创建选区后执行"选择"→"修改"→"扩展"命令,在弹出的"扩展选区"对话框中设置参数,设置完成后,单击"确定"按钮,即可完成扩展选区操作,如图 4-6 所示。

图 4-6　扩展选区

如果希望在已创建的选区的基础上收缩选区范围,则需在创建选区后执行"选择"→"修改→"收缩"命令,在弹出的"收缩选区"对话框中设置参数,设置完成后,单击"确定"按钮,即可完成收缩选区操作,如图 4-7 所示。

图 4-7　收缩选区

### 4.1.4　"色彩范围"命令

"色彩范围"命令用来选择整个图像内指定的颜色或颜色子集。如果在图像中创建了选区,则该命令只作用于选区内的图像。该命令与"魔棒工具"的选择原理相似,但该命令提供了更多设置选项。

打开图 4-8 所示的图像,执行"选择"→"色彩范围"命令,弹出"色彩范围"对话框,如图 4-9 所示。单击"确定"按钮,即可完成选区的创建。

图 4-8　打开图像　　　　　　　　　　　图 4-9　"色彩范围"对话框

> 如果要选择"吸管工具"，在预览区域中单击定义颜色，选择"图像"更方便；如果要预览颜色选区范围，则可以选择"选择范围"。需要注意的是，在预览区域中单击选取颜色后无法按组合键【Ctrl+Alt+Z】返回，直接在图像中选取颜色后可以一步步返回。

### 4.1.5　快速蒙版

快速蒙版是一种临时蒙版。快速蒙版不会修改图像，只建立图像的选区。它可以在不使用通道的情况下快速地将选区转换为蒙版，用户可在快速蒙版模式下对图像进行编辑。当转换为标准模式时，未被蒙版遮住的部分变成选区。

快速蒙版可以用来创建选区，通常用于处理无法通过常规选区工具直接创建选区的区域或使用其他工具创建选区后遗漏的无法创建选区的区域。快速蒙版并不是一个选区，当退出快速蒙版模式时，不被保护的区域变为一个选区。将选区作为蒙版编辑时，可以使用几乎所有的 Photoshop 工具和滤镜来修改蒙版。

> 除了可以单击工具箱中的"以快速蒙版模式编辑"按钮和按【Q】键进入快速蒙版模式编辑状态外，还可以执行"选择"→"在快速蒙版模式下编辑"命令进入快速蒙版模式编辑状态。

**操作演示——使用"以快速蒙版模式编辑"按钮创建选区**

① 打开一张素材图像，单击工具箱中的"以快速蒙版模式编辑"按钮，进入快速蒙版编辑状态，使用"画笔工具"在想选择的区域涂抹，如图 4-10 所示。
② 单击工具箱中的"以标准模式编辑"按钮，返回正常编辑模式。图像中未被涂抹的区域将转换为选区，按键盘上的【Delete】键删除选区内容，效果如图 4-11 所示。

扫码观看微课视频

图 4-10　涂抹创建选区　　　　　　　　　图 4-11　删除选区内容

③ 双击工具箱中的"以快速蒙版模式编辑"按钮，设置弹出的"快速蒙版选项"对话框中各项参数，如图 4-12 所示。单击"确定"按钮，修改蒙版"颜色"效果如图 4-13 所示。

图 4-12  设置"快速蒙版选项"对话框中的参数        图 4-13  修改蒙版"颜色"效果

## 4.1.6  平滑化选区和羽化选区

使用不规则选区工具创建选区时，选区的边缘会有些生硬，如图 4-14 所示，可以执行"选择"→"修改"→"平滑"命令，弹出"平滑选区"对话框（"取样半径"用来设置选区的平滑化范围），如图 4-15 所示。设置完成后单击"确定"按钮，平滑化选区，效果如图 4-16 所示。

图 4-14  创建选区        图 4-15  设置"平滑选区"对话框中的参数        图 4-16  平滑化效果

羽化是通过建立选区和选区周围像素之间的转换边界来模糊边缘的。这种模糊方式将丢失选区边缘的一些图像细节。

在创建图 4-17 所示的选区后，执行"选择"→"修改"→"羽化"命令，在弹出的"羽化选区"对话框内设置参数，如图 4-18 所示。单击"确定"按钮，反选选区并删除背景，效果如图 4-19 所示。

图 4-17  创建选区        图 4-18  设置"羽化选区"对话框中的参数        图 4-19  羽化效果

当执行"羽化"命令后，选区的变化看上去与平滑化选区有些类似，但意义完全不同，因为羽化选区会改变整个选区的范围。

## 4.1.7  选区的像素警告

Photoshop CS6 会以不断闪烁的闭合的虚线来显示选区的轮廓和范围，这种虚线通常被形象地称为"蚂蚁线"。

闭合的选区内部表示被选择的区域。然而"蚂蚁线"并不是判断选区是否存在的依据，比如，当设置选区羽化半径为 100 像素，而创建的选区最大尺寸只有 80 像素时，则会弹出警告对话框，如图 4-20 所示，虽然在画布中无法看到选区，但它仍存在。

图 4-20  警告对话框

### 4.1.8 调整边缘

使用 Photoshop CS6 创建选区时，由于无法创建精准的选区，导致制作后的图像残留了背景中的杂色（这种杂色统称为白边），对于这类白边，可以通过 Photoshop CS6 中的"调整边缘"命令进行处理，从而提高选区边缘的品质。

打开一张图像，在图像中创建人物选区，如图 4-21 所示。执行"选择"→"调整边缘"命令或单击任意选区工具选项栏上的"调整边缘"按钮，弹出"调整边缘"对话框，如图 4-22 所示。使用"调整半径工具"在选区边缘涂抹，单击"确定"按钮即可获得精准的选区，将选中的人物复制粘贴到一个新背景上，效果如图 4-23 所示。

图 4-21   创建选区     图 4-22   "调整边缘"对话框     图 4-23   复制到新背景上的效果

## 4.1.9   应用案例——设计制作胶片相册效果

本案例将完成胶片图形的制作。先通过设置系统首选项中单位与标尺网格的参数，获得较为准确的辅助网格，然后利用矩形选区的特性创建选区，通过填充命令完成胶片图形的制作。

扫码观看微课视频

 执行"文件"→"新建"命令，新建一个 Photoshop 文档，设置"新建"对话框中各项参数，如图 4-24 所示。

 执行"编辑"→"首选项"→"单位与标尺"命令，打开"首选项"对话框，设置"标尺"为"毫米"，如图 4-25 所示。

图 4-24   新建文档          图 4-25   "首选项"对话框

单击"参考线、网格和切片"选项,设置"网格线间隔"为"50 毫米",子网格数为 5,如图 4-26 所示。

 执行"视图"→"标尺"命令,显示标尺。执行"视图"→"显示"→"网格"命令,显示网格,如图 4-27 所示。

图 4-26 设置首选项

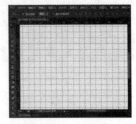

图 4-27 显示网格

 选择工具箱中的"矩形选框工具",设置样式为"固定大小",宽度为 4 毫米,高度为 6 毫米,运算方式为"添加到选区",创建图 4-28 所示的选区。

 执行"选择"→"存储选区"命令,在"存储选区"对话框中设置各项参数,如图 4-29 所示。

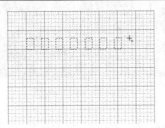

图 4-28 创建选区

图 4-29 设置"存储选区"对话框

 新建图层,使用"矩形选框工具"创建 64 毫米×56 毫米的矩形选区,设置前景色为 RGB(112,19,24)并填充选区,如图 4-30 所示。

 执行"选择"→"载入选区"命令,打开"载入选区"对话框,设置各项参数,如图 4-31 所示。

图 4-30 设置前景色

图 4-31 设置"载入选区"对话框

 选择"图层 1"图层,按键盘上的【Delete】键删除选区内像素,将选区移动到底部并删除选区内像素,效果如图 4-32 所示。

 使用"矩形选框工具"绘制一个 60 毫米×36 毫米的矩形选区。新建"图层 2",使用白色填充选区,效果如图 4-33 所示。

图 4-32　删除选区内像素

图 4-33　绘制并填充选区

STEP 11 将素材图像"4001.jpg"拖入设计文档，在图层上单击鼠标右键，选择"创建剪贴蒙版"选项，效果如图 4-34 所示。

STEP 12 复制"图层 2"并水平移动图像。拖入外部素材图像并创建剪贴蒙版，效果如图 4-35 所示。

图 4-34　创建剪贴蒙版

图 4-35　制作相同效果

STEP 13 使用与步骤 12 相同的方法，复制"图层 2"并水平移动图像，拖入图像素材并创建剪贴蒙版，完成后的效果如图 4-36 所示。

图 4-36　制作相同效果

STEP 14 将"4002.jpg"素材图像打开并拖入设计文档，在"图层"面板中移动其图层到最底部，效果如图 4-37 所示。

STEP 15 按组合键【Ctrl+T】自由变换图像，单击鼠标右键，在弹出的快捷菜单中选择"水平翻转"选项，效果如图 4-38 所示。

图 4-37　拖入图像

图 4-38　水平翻转图像

| | | | |
|---|---|---|---|
|  | 打开素材图像"4006.jpg",执行"选择"→"色彩范围"命令,设置"色彩范围"对话框中的各项参数,如图4-39所示。 |  | 执行"选择"→"反向"命令反选选区,将其拖入设计文档,调整大小并移动到图4-40所示的位置。 |

图 4-39 色彩范围创建选区

图 4-40 移动图像到设计文档中

| | | | |
|---|---|---|---|
|  | 选中胶片图层,为其添加"颜色叠加"图层样式,使用白色作为叠加色,效果如图4-41所示。 |  | 修改胶片图层不透明度为 70%,完成相册页面的制作,完成后的效果如图 4-42所示。 |

图 4-41 添加图层样式

图 4-42 完成后的效果

## 4.2 绘制 iOS 系统启动图标

Photoshop CS6 提供了一些专门用于创建和编辑矢量图的形状工具,绘制的矢量图形可以在不同分辨率的文件中交换使用,不会受分辨率影响而出现锯齿。形状工具不仅可以绘制复杂的图形,还可以实现路径与选区之间的转换。

本节将帮助读者快速掌握形状工具的使用方法和技巧,并绘制一个 iOS 系统启动图标,完成后的矢量房子图标效果如图 4-43 所示。

### 4.2.1 认识路径和锚点

在 Photoshop CS6 中,路径功能是其矢量设计功能的充分体现。路径是指用户勾绘出来的由一系列点连接成的线段或曲线,可以沿着这些线段或曲线进行颜色填充或描边,从而绘制出图像。

图 4-43 矢量房子图标

路径可以转换为选区或者使用颜色填充和描边的轮廓,它包括有起点和终点的开放式路径,如图 4-44 所示;也包括没有起点和终点的闭合式路径,如图 4-45 所示;此外,也可以由多条相对独立的路径组成,每条独立的路径被称为子路径,如图 4-46 所示。

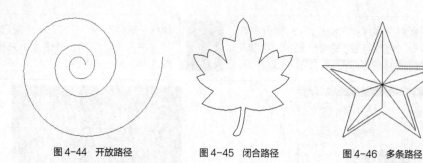

图 4-44　开放路径　　　　　图 4-45　闭合路径　　　　　图 4-46　多条路径

提示　　　路径是矢量对象，它不包含像素，因此当路径单独存在，没有进行填充或者描边时，是不会被打印出来的。

　　路径是由直线路径段和曲线路径段组成的，它们通过锚点连接。锚点分为两种，一种是平滑点，另外一种是角点。平滑点连接可以形成平滑的曲线，如图 4-47 所示；角点连接形成直线，如图 4-48 所示；平滑点与角点连接形成转角曲线，如图 4-49 所示。平滑点有方向线，方向线的端点为方向点，它们主要用来调整曲线的形状。

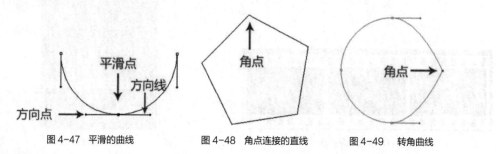

图 4-47　平滑的曲线　　　　图 4-48　角点连接的直线　　　　图 4-49　转角曲线

提示　　　路径事实上是一些矢量式的线条，因此无论图像缩小或放大，都不会影响它的分辨率和平滑度。编辑好的路径可以同时保存在图像中，也可以将它单独输出为文件，然后在其他软件中进行编辑或使用。

**操作演示——通过框选移动多个锚点**

① 选择工具箱中的"自定形状工具"，在工具选项栏中设置工具模式为"路径"，打开"自定形状"拾色器，选择"拼贴 4"形状选项，在画布中按住鼠标左键拖曳鼠标绘制路径，如图 4-50 所示。

② 选择"直接选择工具"，在空白处按住鼠标左键拖曳框选多个锚点，如图 4-51 所示。

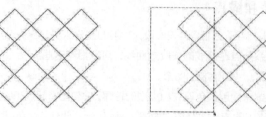

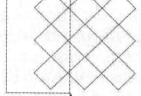

扫码观看微课视频

图 4-50　绘制路径　　　　　图 4-51　框选锚点

③ 被框选的锚点为实心方点，表示处于被选择状态，如图 4-52 所示。按住鼠标左键拖曳任何一个被选择的锚点，可移动所有被选择的锚点，如图 4-53 所示。

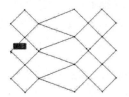

图 4-52　选中锚点　　　　　　　　图 4-53　移动锚点

### 4.2.2　转换锚点类型

使用转换点工具可以使锚点在平滑点和角点之间相互转换。

要将角点转换为平滑点，选择转换点工具，将鼠标指针移至角点的上方，按住鼠标左键拖曳鼠标即可将角点转换为平滑点。平滑点上有两个控制柄，如图 4-54 所示，拖曳控制柄即可调整平滑点的平滑效果。

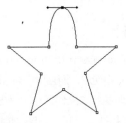

图 4-54　将角点转化为平滑点

选择转换点工具，单击平滑点，即可将平滑点转换为角点。

### 4.2.3　调整路径形状

对于由角点组成的路径，调整路径形状时，只需要使用直接选择工具移动每个锚点即可。对于由平滑点组成的路径，调整路径形状时，不仅可以使用直接选择工具移动锚点，也可以使用直接选择工具和转换点工具调整平滑点上的控制柄和方向点。

在曲线路径段上，每个锚点都有一个或两个控制柄。移动方向点可以调整控制柄的长度和方向，从而改变曲线的形状；移动平滑点上的控制柄，可以调整该点两侧的曲线路径；移动角点上的控制柄，可以调整与控制柄同侧的曲线路径段。

选择直接选择工具，拖曳平滑点上的控制柄时，控制柄始终保持为直线状态，锚点两侧的路径段都会发生改变，如图 4-55 所示。选择转换点工具，拖曳控制柄时，则可以单独调整平滑点任意一侧的控制柄，而不会影响到另外一侧的控制柄和路径段，如图 4-56 所示。

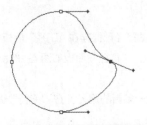
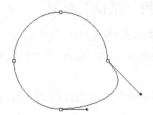

图 4-55　用直接选择工具调整　　　　　　图 4-56　用转换点工具调整

### 4.2.4　路径的变换操作

使用路径选择工具选择路径，执行"编辑"→"变换路径"命令，路径上会显示出定界框、中心点和控制点。用户通过拖曳定界框可以对路径进行缩放和旋转等操作，如图 4-57 所示。路径的变换方法与图像的变换方法相同。

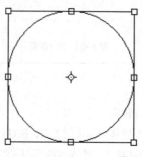
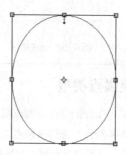

图 4-57　变换路径

### 4.2.5　输出路径

在现实的工作中，Photoshop 和 Illustrator 在很多情况下都会结合着使用，在 Photoshop 中可以将路径输出，并在 Illustrator 中使用，而且导出到 Illustrator 中的路径在 Illustrator 中仍然可以编辑。

选中绘制好的路径，执行"文件"→"导出"→"路径到 Illustrator"命令，单击"确定"按钮，弹出"导出路径到文件"对话框，如图 4-58 所示。单击"确定"按钮，弹出"选择存储路径的文件名"对话框，如图 4-59 所示，对文件进行命名，单击"确定"按钮，保存路径。

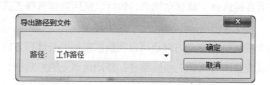

图 4-58　"导出路径到文件"对话框

图 4-59　"选择存储路径的文件名"对话框

如果需要将 Photoshop CS6 中的图像输出到专业的矢量绘图或页面排版软件中，例如 Illustrator、InDesign 和 Adobe XD 等，可以通过输出剪贴路径来定义图像的显示区域。

### 4.2.6　使用"路径"面板

"路径"面板的主要功能是保存和管理路径，所有绘制的路径都保存在"路径"面板中，用户可以在"路径"面板中完成创建路径，复制路径和删除路径等多种操作，"路径"面板如图 4-60 所示。

● 创建路径

单击"路径"面板上的"创建新路径"按钮即可创建一条新的路径。在"路径"面板上双击该路径可以修改路径名称。

在按住【Alt】键的同时单击"创建新路径"按钮，将会弹出"新建路径"对话框，如图 4-61 所示。输入路径名称后单击"确定"按钮，即可创建以该名称命名的新路径。

图 4-60 "路径"面板

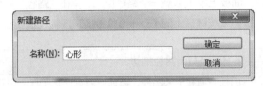

图 4-61 新建路径

在使用矢量工具绘制路径前，单击"路径"面板中的"创建新路径"按钮，新建一个路径层后再绘制路径，创建的是路径图层，如图 4-62 所示。如果没有创建新路径，直接使用矢量工具绘制，那么创建的是工作路径图层，如图 4-63 所示。

图 4-62 创建路径

图 4-63 创建工作路径

工作路径是出现在"路径"面板中的临时路径，用于定义形状的轮廓。当画布中已经有了一条工作路径后，单击"路径"面板的空白处，使用矢量工具绘制路径将会替换已有的工作路径。矢量工具绘制的路径作为默认已存储的路径，则不会被替换掉。

• 复制路径

在"路径"面板上单击右上角的扩展功能按钮 ，打开快捷菜单，在菜单中选择"复制路径"选项，如图 4-64 所示。在弹出的"复制路径"对话框中可修改复制的路径的名称，如图 4-65 所示。单击"确定"按钮后系统会以该名称创建复制的新路径，如图 4-66 所示。

图 4-64 选择"复制路径"选项　　　　图 4-65 "复制路径"对话框　　　　图 4-66 "路径"面板

在"路径"面板上选择一条路径，按下鼠标左键不放，拖曳至"创建新路径"按钮处，可以复制该路径并创建一个新路径层。

图 4-67　复制粘贴路径

在"路径"面板上选择一条路径，执行"编辑"→"复制"命令，再执行"编辑"→"粘贴"命令，可以在一个新的图层上复制该路径，如图 4-67 所示。

● 删除路径

在"路径"面板上单击选择一个路径层后，单击"路径"面板底部的"删除当前路径"按钮或按键盘上的【Delete】键即可删除该路径。

---

**操作演示——填充路径与为路径描边**

① 在"路径"面板中新建一条路径，选择"自定形状工具"，在工具选项栏中设置工具模式为"路径"，打开"自定形状"拾色器，选择"百合花饰"形状选项，在画布中按住鼠标左键拖曳鼠标，绘制图 4-68 所示的路径。

② 设置前景色为黑色，选择"直接选择工具"，在路径上单击鼠标右键，在弹出的快捷菜单中选择"填充路径"选项，在弹出的"填充路径"对话框中选择使用前景色填充，单击"确定"按钮，即可填充路径，如图 4-69 所示。

图 4-68　绘制路径　　　　　　　　　　图 4-69　填充路径效果

③ 按组合键【Ctrl+Z】取消路径填充效果。选择"直接选择工具"，在路径上单击鼠标右键，在弹出的快捷菜单中选择"描边路径"选项，设置弹出的"描边路径"对话框中的参数，如图 4-70 所示，单击"确定"按钮，完成对路径的描边，效果如图 4-71 所示。

扫码观看微课视频

图 4-70　设置"描边路径"对话框中的参数　　　　图 4-71　路径描边效果

---

### 4.2.7　路径与选区之间的相互转换

路径和选区可以相互转换，将路径转换为选区，是路径一个重要用途。在选区范围比较复杂的情况下，通常先绘制出路径，再将路径转换为选区。

● 由路径转换为选区

绘制完路径后，在"路径"面板上单击"将路径作为选区载入"按钮，即可将路径转换为选区；也可以单击面板右上角的扩展功能按钮，在弹出的菜单中选择"建立选区"选项，弹出"建立选区"对话框，如图 4-72 所示，单击"确定"按钮即可建立选区。

如果当前图像中已经存在选区，可以在对话框中选择新选区与原选区相加、相减或相交等操作选项。

• 由选区转换为路径

当画布中已经有一个选区时，单击"路径"面板上的"从选区生成工作路径"按钮，即可将其转换为工作路径；也可以单击"路径"面板右上角的扩展功能按钮，在弹出的菜单中选择"建立工作路径"选项，弹出"建立工作路径"对话框，如图 4-73 所示，单击"确定"按钮即可建立工作路径。

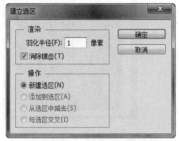

图 4-72　"建立选区"对话框

图 4-73　"建立工作路径"对话框

---

**操作演示——使用"钢笔工具"抠出图像**

① 打开素材图像，使用"钢笔工具"沿杯子的轮廓创建路径，如图 4-74 所示。按组合键【Ctrl+Enter】将路径转换为选区，如图 4-75 所示。

图 4-74　创建路径

图 4-75　将路径转换为选区

② 按组合键【Ctrl+J】，将选区内容复制到新图层中，如图 4-76 所示。单击"背景"图层前的"指示图层可见性"图标，将"背景"图层隐藏，完成抠图，效果如图 4-77 所示。

图 4-76　复制图层

图 4-77　抠图效果

扫码观看微课视频

---

## 4.2.8　应用案例——绘制 iOS 系统启动图标

本案例将设计制作一款 iOS 系统启动图标。对于大多数初学者来说，直接绘制图形较为困难。可以采用先使用基本形状工具绘制图形结构和轮廓，再使用直接选择工具二次调整来获得想要的形状的方法。

**STEP 01** 新建一个 Photoshop 文档，设置"新建"对话框中各项参数，如图 4-78 所示。

**STEP 02** 设置"填充"色为 RGB（2,136,2），在画布中绘制一个圆角矩形，如图 4-79 所示。

图 4-78　新建文档

图 4-79　绘制圆角矩形

**STEP 03** 选择"钢笔工具"，在圆角矩形顶部位置单击添加锚点，使用"转换点工具"将顶部的所有点转换为角点，如图 4-80 所示。

**STEP 04** 使用"删除锚点工具"删除图 4-81 所示的锚点。选择"直接选择工具"，向下拖曳锚点，效果如图 4-82 所示。

图 4-80　添加锚点并转换为角点

图 4-81　删除顶点

图 4-82　移动顶点

**STEP 05** 选择"矩形工具"，在选项栏中选择"减去顶层形状"模式，在画布中拖曳创建一个矩形，效果如图 4-83 所示。

**STEP 06** 选择"转换点工具"，在矩形左上角锚点上拖曳后，按下【Alt】键的同时使用"转换点工具"拖曳单个控制柄，得到图 4-84 所示的效果。

图 4-83　绘制矩形

图 4-84　调整矩形轮廓

扫码观看微课视频

**STEP 07** 使用"圆角矩形工具"绘制一个圆角矩形，按组合键【Ctrl+T】，旋转图形，效果如图 4-85 所示。

**STEP 08** 复制一个圆角矩形图层，水平翻转后得到图 4-86 所示的效果。

图 4-85　绘制圆角矩形

图 4-86　复制并水平翻转圆角矩形

使用"圆角矩形工具"绘制圆角矩形，在选项栏中选择"减去顶层形状"模式，使用"钢笔工具"绘制，效果如图 4-87 所示。

使用"钢笔工具"绘制图 4-88 所示的图形。

图 4-87　绘制效果

图 4-88　绘制图形

**STEP 11**

使用"圆角矩形工具"和"直线工具"绘制窗户，将"背景"图层隐藏，效果如图 4-89 所示。

**STEP 12**

执行"文件"→"存储为 Web 所用格式"命令，设置各项参数，如图 4-90 所示。单击"存储"按钮将图像保存。

图 4-89　绘制图形

图 4-90　输出图标文件

## 4.3　本章小结

　　本章通过两个应用案例讲解了 Photoshop CS6 中选区、路径和矢量图形的相关概念。通过对本章的学习，读者应掌握选区、路径和矢量图形的创建和编辑方式，并能够理解选区、路径和矢量图形之间的关系。

## 4.4　课后测试

　　完成本章内容的学习后，接下来通过几道课后习题，测试一下读者的学习效果，同时加深对所学知识的理解。

### 4.4.1　选择题

（1）下列工具中，使用哪种工具可以完成移动选区的操作。（　）

　　A. 套索工具　　　　　　B. 矩形选框工具　　　　　C. 魔棒工具　　　　　　D. 以上都可以

（2）用户在快速蒙版中涂抹创建选区时，使用哪种颜色将不会影响选区效果。（　）

　　A. 黑色　　　　　　　　B. 红色　　　　　　　　　C. 白色　　　　　　　　D. 灰色

（3）使用（　）可以使锚点在平滑点和角点之间相互转换。

　　A. 转换点工具　　　　　　B. 钢笔工具　　　　　　C. 直线工具　　　　　　D. 选择工具

（4）按下组合键（　），可以快速将工作路径转换为选区。

　　A.【Alt+D】　　　　　　B.【Ctrl+Alt+D】　　　C.【Ctrl+Shift+D】　　D.【Ctrl+D】

（5）如果当前图像中已经存在选区，可以在（　）对话框中选择新选区与原选区相加、相减或相交等操作选项。

　　A. 建立选区　　　　　　B. 路径　　　　　　　C. 选区　　　　　　　D. 选区计算

### 4.4.2　创新题

根据本章所学知识，综合使用各种工具和命令创建选区，通过执行"编辑"→"特殊粘贴"→"贴入"命令，完成更换图片背景的操作，参考效果如图 4-91 所示。

图 4-91　更换图片背景效果

# 05

# 第5章
# 图层与蒙版的使用

图层是 Photoshop CS6 中非常重要的功能之一，几乎所有的编辑操作都以图层为依托。如果没有图层，所有的图像都将处在同一平面上，这对于图像的编辑是很不利的。

蒙版是模仿印刷中的一种工艺，印刷时用一种红色的胶状物来保护印版，所以在 Photoshop CS6 中蒙版默认的颜色是红色。蒙版在 Photoshop 中已经成为一种概念，作用是使用户能够自由地控制选区。

## 5.1 设计制作房地产三折页正面

宣传折页是一种印刷在纸上的流动宣传广告。折页有二折、三折、四折、五折和六折等多种形式，特殊情况下，机器折叠不了的，还可以进行手工折叠。为便于折叠，纸张不宜过厚。

接下来为制作房地产三折页正面，讲解 Photoshop CS6 中图层的基础知识。图 5-1 所示为房地产三折页正面效果。

图 5-1 房地产三折页正面效果

　　大 16 开是三折页最常见的尺寸，其成品尺寸是 210 mm×285 mm，因为要留出血线，设计尺寸一般为 216 mm×291 mm。为了能使折叠后的页面均匀，用户在设计过程中，需考虑到折痕部分的影响，即在布局上不适合将整个页面三等分。通常折叠后最上面的一面为正面，另一面为背面，因此正面的宽度尺寸从左到右依次为 94 mm、95 mm 和 96 mm，背面的宽度尺寸从左到右依次为 96 mm、95 mm 和 94 mm。

### 5.1.1　"图层"面板和图层类型

图层可以用来在文件中修复、编辑、合成、合并和分离多张图像。一幅图像是由多个不同类型的图层通过一定的组合方式自下而上叠放在一起组成的。它们的叠放顺序及混合方式直接影响图像的显示效果。

按照功能的不同，图层可以分为文字图层、调整图层、背景图层、形状图层、3D 图层、视频图层和普通图层。不同的图层，其应用场合和实现的功能有所差别，操作和使用方法也各不相同。"图层"面板如图 5-2 所示。

在"图层"面板中列出了图像中的所有图层、图层组和添加的图层效果，可以使用"图层"面板

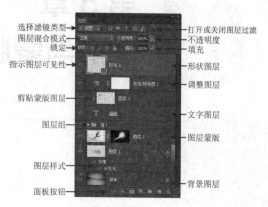

图 5-2　"图层"面板

来显示和隐藏图层、创建新图层以及处理图层组。还可以在"图层"面板菜单中选择其他命令和选项。

 　在"图层"面板中，图层名称的左侧是该图层的缩览图，它显示了图层中包含的图像内容，缩览图中的棋盘格代表了图像的透明区域。如果隐藏所有图层，则整个文档窗口都会变为棋盘格。

### 5.1.2　创建图层和填充图层

打开"图层"面板，单击面部底部的"创建新图层"按钮 ，即可在当前图层上方新建一个图层，新建的图层会自动成为当前图层，如图 5-3 所示。

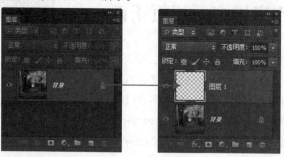

图 5-3　新建图层

除了可以创建普通图层以外，用户还可以在"图层"面板上创建填充图层。填充图层是在当前图层中自动填入一种颜色、渐变或图案。用户执行"图层"→"新建填充图层"命令，如图 5-4 所示，选择填充图层的类型后即可创建一个填充图层。

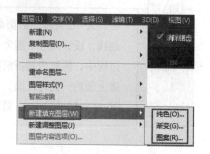

图 5-4　新建填充图层

### 5.1.3　移动、复制和删除图层

设计一幅作品时，需要经过许多操作步骤才能够完成，图层的相关操作尤为重要。这是因为一幅作品往往由多个图层组成，

并且需要对这些图层进行多次编辑后，才能得到理想的设计效果。

- 移动图层

如果想要移动整个图层内容，需要先将要移动的图层设为当前图层，然后使用"移动工具"移动图像或按住【Ctrl】键拖曳图像。如果想要移动图层中的某一块区域，必须先创建选区，再使用"移动工具"进行移动。

- 复制图层

复制图层是较为常用的图层操作，可以将某一图层复制到同一图像或另一幅图像中，如果在同一图像中复制图层，将需要复制的图层拖曳至"图层"面板中的"创建新图层"按钮上，如图 5-5 所示，即可复制该图层，复制的图层将出现在被复制的图层上方，如图 5-6 所示。

图 5-5　拖曳复制图层

图 5-6　复制的图层

还可以选中需要复制的图层，执行"图层"→"复制图层"命令，或单击"图层"面板右上角的扩展功能按钮 ，在弹出的快捷菜单中选择"复制图层"选项，弹出"复制图层"对话框，如图 5-7 所示，设置选项后，单击"确定"按钮即可复制图层到指定的图像中。

- 删除图层

删除不再需要的图层可以有效减小图像文件的体积。单击"图层"面板底部的"删除图层"按钮或执行"图层"→"删除"→"图层"命令，都可以完成图层的删除操作，如图 5-8 所示。

图 5-7　"复制图层"对话框

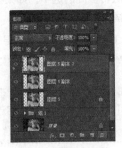

图 5-8　删除图层

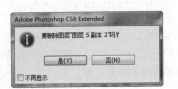

在删除图层组时，用户可以根据需求，选择"组和内容"或"仅组"，如图 5-9 所示。如果所选图层是隐藏的图层，则可以执行"图层"→"删除"→"隐藏图层"命令来删除。

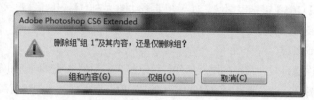

图 5-9　删除组

### 5.1.4　锁定图层

锁定图层可以避免对图像进行错误编辑和破坏，锁定图层包括锁定透明像素 ▦、锁定图像像素 ✐、锁定位置 ✛ 和锁定全部 🔒 4 个选项，每种选项的具体功能及属性如表 5-1 所示。

表 5-1　锁定图层选项功能及属性

| 锁定图层选项 | 锁定图层功能及属性 |
|---|---|
| 锁定透明像素 | 选择图层后单击该按钮，当前图层上的透明区域不能被编辑 |
| 锁定图像像素 | 选择图层后单击该按钮，当前图层被保护，不受填充、描边和其他绘图操作的影响，只能对图层进行移动和变换操作 |
| 锁定位置 | 选择图层后单击该按钮，将不能对锁定的图层进行移动、旋转和自由变换等编辑操作，但能够对当前图层进行填充、描边和其他绘图的操作。对于设置了精确位置的图像，将它的位置锁定后就不必担心被意外移动了 |
| 锁定全部 | 选择图层后单击该按钮，将锁定该图层，不能对当前图层进行任何操作 |

### 5.1.5　选择图层和调整图层叠放顺序

在"图层"面板上单击任意一个图层或图层组，即可选择该图层或图层组；执行"选择"→"所有图层"命令，可以选择除"背景"图层以外的所有图层。

要选择多个连续的图层，需在"图层"面板上单击一个图层，并在按住键盘上的【Shift】键的同时单击另一个图层，则该图层与第一次单击的图层间所有的图层将被同时选中。如果要选择多个不连续的图层，可以在按住键盘上的【Ctrl】键的同时连续单击要选择的图层。

选择一个图层，按住鼠标左键不放并在"图层"面板上上下拖曳即可调整图层的叠放顺序。

**常用小技能**：使用快捷键调整图层顺序

　　在"图层"面板中选择一个图层，使用组合键【Ctrl+Shift+】可将该图层置于顶层；使用组合键【Ctrl+Shift+】可将该图层置于底层；使用组合键【Ctrl+】则将当前图层向上移动一层；使用组合键【Ctrl+】则将当前图层向下移动一层。

### 5.1.6　使用图层滤镜选择图层

Photoshop CS6 针对图层的管理新增了"图层滤镜"功能，包括像素图层滤镜 ▦、调整图层滤镜 ◐、文字图层滤镜 T、形状图层滤镜 ▣ 和智能对象滤镜 ▤ 5 个选项。当单击某个图层滤镜按钮时，"图层"面板中只显示该类型的图层。"图层滤镜"选项如图 5-10 所示。

图 5-10　图层滤镜

### 5.1.7　应用案例——设计制作房地产三折页正面

本案例使用 Photoshop CS6 的辅助功能完成三折页基本页面结构的创建，并通过设置画布大小，创建出血范围，使用形状工具完成折页背景图的设计与制作。使用形状工具绘制线条及页面装饰内容，使用文字工具在页面中输入主体文字，丰富折页内容。

扫码观看微课视频

| | | | |
|---|---|---|---|
|  | 执行"文件"→"新建"命令，新建一个 Photoshop 文档，设置"新建"对话框中的各项参数，如图 5-11 所示。 |  | 按组合键【Ctrl+R】显示标尺。从标尺上拖出边界辅助线，如图 5-12 所示。 |
| <br>图 5-11　新建文档 | | 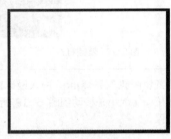<br>图 5-12　创建边界辅助线 | |
|  | 执行"图像"→"画布大小"命令，设置弹出的"画布大小"对话框中各项参数，如图 5-13 所示。 |  | 继续从标尺中拖出辅助线，完成三折页的布局，效果如图 5-14 所示。 |
| <br>图 5-13　改变画布大小 | | 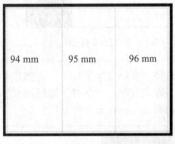<br>图 5-14　创建辅助线 | |
|  | 按住键盘上的【Shift】键，使用"矩形工具"绘制图 5-15 所示的正方形。 |  | 按住组合键【Ctrl+T】，将正方形旋转 90°，设置图层的不透明度为 30%，图像效果如图 5-16 所示。 |

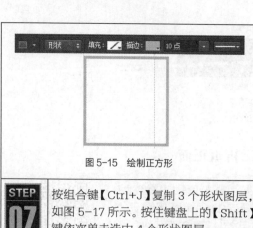

图 5-15　绘制正方形

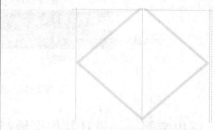

图 5-16　旋转图形

**STEP 07** 按组合键【Ctrl+J】复制 3 个形状图层，如图 5-17 所示。按住键盘上的【Shift】键依次单击选中 4 个形状图层。

**STEP 08** 执行"图层"→"链接图层"命令，单击"图层"面板上的"锁定全部"按钮🔒将图层锁定，如图 5-18 所示。

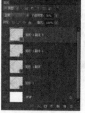

图 5-17　复制图层

图 5-18　链接并锁定图层

**STEP 09** 将素材图像"楼体.png"拖入设计文档，调整图像大小并移动到图 5-19 所示的位置。

**STEP 10** 将素材图像"户型图 1""户型图 2"和"户型图 3"拖入设计文档，并调整大小和位置，如图 5-20 所示。

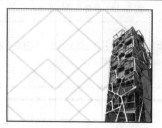

图 5-19　拖入素材图像（1）

图 5-20　拖入素材图像（2）

**STEP 11** 选择"横排文字工具"，在画布中单击并输入文字，"字符"面板及文字效果如图 5-21 所示。

**STEP 12** 按住【Shift】键选中文字和户型图层，单击鼠标右键，在弹出的快捷菜单中选择"链接图层"选项，如图 5-22 所示。

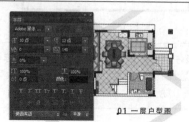

图 5-21　输入文字（1）

图 5-22　链接图层

使用"矩形工具"绘制矩形,在工具选项栏中设置描边选项,如图 5-23 所示,完成虚线边框的绘制。

设置"填充"色为 CMYK(0,0,0,50),使用"矩形工具"绘制矩形。使用"横排文字工具"输入图 5-24 所示的文字。

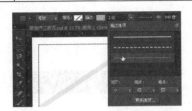

图 5-23 绘制矩形

图 5-24 输入文字(2)

 使用"横排文字工具"选择段落文本中的英文文字,设置"字符"面板中各项参数,如图 5-25 所示。

 选择"自定形状工具",在"自定形状"拾色器中选择"叶子 2",在画布中单击,创建形状,如图 5-26 所示。

图 5-25 设置英文字体

图 5-26 创建形状(1)

 按住键盘上的【Alt】键和【Shift】键,使用"移动工具"拖曳复制形状,效果如图 5-27 所示。

 使用相同的方法,创建并复制图 5-28 所示的三叶草形状。

图 5-27 复制形状

图 5-28 创建形状(2)

 在"图层"面板中选中所有叶子图层,单击鼠标右键,在弹出的快捷菜单中选择"合并形状"选项,如图 5-29 所示。

 使用同样的方法将三叶草形状合并,"图层"面板效果如图 5-30 所示。

图 5-29 合并形状

图 5-30 "图层"面板

将素材图像"装修效果图 01.jpg"和"装修效果图 02.jpg"拖入设计文档，调整图像大小和位置，效果如图 5-31 所示。

 设置"填充"色为 CMYK(50,100,100,50)，使用"矩形工具"在画布中绘制形状，使用"直接选择工具"调整轮廓，如图 5-32 所示。

图 5-31　拖入图像素材（3）

图 5-32　绘制并调整矩形

 选择"横排文字工具"，在画布中单击并输入文字，如图 5-33 所示。在文字图层上单击鼠标右键，选择"转换为形状"选项。

 按住键盘上的【Ctrl】键将文字图层和形状图层选中，执行"图层"→"合并形状"→"减去重叠处形状"命令，效果如图 5-34 所示。

图 5-33　输入文字并转换为形状

图 5-34　减去重叠处形状

 设置文本颜色为 CMYK(50,100,100,50)，使用"直排文字工具"和"椭圆工具"制作图 5-35 所示的效果。

选择除"背景"图层外的所有图层，执行"图层"→"图层编组"命令将图层编组并修改图层组名称，"图层"面板如图 5-36 所示。

图 5-35　输入文本并绘制图形

图 5-36　将图层编组

## 5.2　设计制作房地产三折页背面

　　二折、三折和四折是宣传折页中最常见的折叠方法。下面为制作房地产海报三折页背面，来学习 Photoshop CS6 图层的高级功能。图 5-37 所示为房地产三折页背面效果。

图 5-37　房地产三折页背面效果

### 5.2.1　隐藏图层和为图层标注颜色

在"图层"面板中，每一个图层和图层组前面都有一个"指示图层可见性"的图标 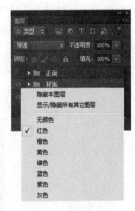。单击该图标，当眼睛图标 被去掉时，该图层或图层组被隐藏。

在"指示图层可见性"图标处单击鼠标右键，在弹出的快捷菜单中选择一种颜色，即可为该图层标注颜色，如图 5-38 所示。

### 5.2.2　创建和合并图层组

创建图层组有两种方法，一是直接单击"图层"面板中的"创建新组"按钮 ，则默认在当前图层的上方创建图层组，二是执行"图层"→"新建"→"组"命令，弹出"新建组"对话框，在该对话框中输入图层组名称并设置其他各项参数，单击"确定"按钮，即可创建图层组，如图 5-39 所示。

图 5-38　为图层标注颜色

图 5-39　创建图层组

在"图层"面板中选择两个以上的图层或图层组，执行"图层"→"合并图层"命令，或单击"图层"面板右上角的扩展功能按钮 ，在弹出的快捷菜单中选择"合并图层"选项，即可合并所选图层和图层组。

盖印图层是一种类似于合并图层的操作，可以将多个图层合并为一个目标图层且保持其他图层不变。使用组合键【Ctrl+Alt+Shift+E】可以盖印除背景图层以外的所有可见图层。

### 5.2.3　混合模式和混合选项

图层的"混合模式"是 Photoshop CS6 中非常重要的功能，通过使用不同的混合模式可以实现不同的图像效果。使用混合模式可减少图像的细节、提高或降低图像的对比度、制作出单色的图像效果等。在"混合模式"下拉列表中包括 6 种类型的混合模式，如图 5-40 所示。

图 5-40　"混合模式"下拉列表

选择一个图层，执行"图层"→"图层样式"→"混合选项"命令，或双击该图层，打开"图层样式"对话框，并进入"混合选项"设置面板。

"混合选项"控制图层的"常规混合"属性和"高级混合"属性，其中，"常规混合"属性包括"不透明度"和"混合模式"，它们与"图层"面板对应选项的作用相同，"高级混合"选项组中的"填充不透明度"与"图层"面板中"填充"的作用相同，如图 5-41 所示。

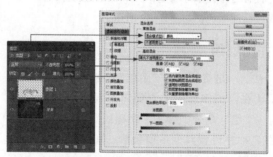

图 5-41　"图层"面板与"混合选项"

---

**操作演示——使用混合模式为照片辅助上色**

① 执行"文件"→"打开"命令，打开素材图像，如图 5-42 所示。复制"背景"图层，得到"背景副本"图层，如图 5-43 所示。

扫码观看微课视频

图 5-42　打开素材图　　　　　　　　图 5-43　复制图层

② 将"背景 副本"图层的混合模式设置为"柔光"，提亮照片，使照片变得清晰，如图 5-44 所示。新建一个"纯色"调整图层，设置 RGB 值为（255，243，236），"不透明度"为 80%。使用"画笔工具"将前景色设置为黑色，在蒙版中涂抹，如图 5-45 所示。

图 5-44　提亮照片　　　　　　图 5-45　添加蒙版

## 5.2.4　"图层样式"对话框

在 Photoshop CS6 中，可以在"图层样式"对话框中添加 10 种图层样式，如图 5-46 所示。如果在图层中添加了相应的样式，则该样式名称前面的复选框将显示为 ☑。

完成某个图层样式的设置以后，单击"确定"按钮即可应用该样式。图层右侧会出现一个图层样式标志 *fx*.。单击该标志右侧的按钮可折叠或展开样式列表。

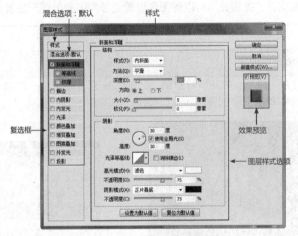

图 5-46　"图层样式"对话框

**提示**

单击一个效果的名称，可以选中该样式，对话框的右侧显示与之对应的选项；如果单击样式名称前的复选框，则可以应用该效果，但不会显示效果选项。

## 5.2.5　颜色叠加、渐变叠加和图案叠加

使用"颜色叠加"可以根据用户的需求在图层上叠加指定的颜色。用户可通过设置混合模式和不透明度等选项，控制叠加的效果。

"渐变叠加"可以用来为图层增加渐变效果。选择"图案叠加"，可以使用自定义图案覆盖图像，图案可以缩放，也可以设置图案的不透明度和混合模式，效果如图 5-47 所示。

图 5-47　图层样式中的"颜色叠加"
"渐变叠加"和"图案叠加"

### 5.2.6　内发光和外发光

发光的文字或物体效果是平面设计作品中经常会用到的，如图 5-48 所示。发光效果的制作非常简单，只要使用图层样式的功能即可实现。发光又分为"内发光"和"外发光"。

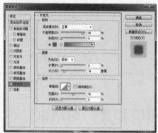

图 5-48　外发光效果

"内发光"可以显示出沿图像的边缘向内部射光的效果，"外发光"样式与"内发光"样式基本相同，"外发光"可以使图像沿着边缘向图像外部产生发光效果。

---

**操作演示——为背景添加光泽效果**

① 执行"文件"→"打开"命令，打开素材图像"51001.psd"，如图 5-49 所示。选择"图层 1"图层，在"图层"面板中单击"添加图层样式"按钮，如图 5-50 所示。

图 5-49　素材图像　　　　　　　　　　图 5-50　"图层"面板

② 在弹出的快捷菜单中选择"光泽"选项，在弹出的"图层样式"对话框中设置参数，如图 5-51 所示。单击"确定"按钮，效果如图 5-52 所示。

扫码观看微课视频

图 5-51　设置参数　　　　　　　　　　图 5-52　光泽效果

### 5.2.7 应用案例——设计制作房地产三折页背面

本案例使用辅助线对三折页背面进行设计，拖入图像素材以丰富页面，为图像添加图层蒙版，实现过渡自然的背景效果。使用渐变填充和高斯模糊完成光束的制作，并使用横排文字工具在画面中输入主题文字，使用渐变叠加增加文字层次，复制文字并修改填充颜色后，删除部分文字，实现个性处理。

扫码观看微课视频

 打开"5-1-7.psd"文件，在"图层"面板中隐藏"正面"图层组。新建图层，使用黑色填充图层，如图 5-53 所示。

 执行"视图"→"清除参考线"命令，将参考线删除，重新创建参考线，如图 5-54 所示。

图 5-53 新建图层

图 5-54 创建辅助线

 将素材图像"楼体夜景.png"拖入设计文档，调整图像大小，并移动到如图 5-55 所示的位置。

 单击"图层"面板底部的"添加图层蒙版"按钮，创建图层蒙版。选择"渐变工具"，在蒙版中拖曳，效果如图 5-56 所示。

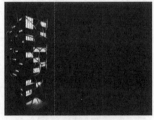

图 5-55 拖入素材图像

图 5-56 创建渐变蒙版

 新建图层，使用"多边形套索工具"在画布中绘制选区，并使用"渐变工具"填充渐变色，如图 5-57 所示。

 按组合键【Ctrl+D】取消选区。执行"滤镜"→"模糊"→"高斯模糊"命令，模糊效果如图 5-58 所示。

图 5-57 创建选区并填充渐变色

图 5-58 模糊效果

使用"横排文字工具"在画布中输入文字内容，并为其添加"渐变叠加"图层样式，如图 5-59 所示。

 复制文字图层，修改文字颜色为黄色并栅格化图层，配合选区工具删除部分文字，得到图 5-60 所示的效果。

图 5-59　添加渐变样式

图 5-60　复制文字并删除部分文字

 将素材图像"夜景.jpg"拖入设计文档并添加图层蒙版，使用"渐变工具"在蒙版中创建黑白渐变，效果如图 5-61 所示。

 新建一个"色彩平衡"调整图层，设置"属性"面板中各项参数，如图 5-62 所示。

图 5-61　拖入图像并创建蒙版

图 5-62　添加色彩平衡调整图层

 设置"填充"色为 CMYK（100,0,0,0），使用"矩形工具"绘制矩形，并修改图层不透明度为 30%，如图 5-63 所示。

 选择"横排文字工具"，在画布中单击并输入文字，在"字符"面板中设置文本参数，效果如图 5-64 所示。

图 5-63　创建矩形

图 5-64　输入文字

 继续使用"文字工具"在画布中输入文字内容，效果如图 5-65 所示。

 选择图层，执行"图层"→"图层编组"命令将图层编组并修改图层组名称，"图层"面板如图 5-66 所示。

图 5-65　输入文字内容

图 5-66　将图层编组

# 5.3　设计制作网页轮播图

网页作为一种视觉语言载体，特别讲究编排和布局。为了达到最佳的视觉表现效果，网页设计者经常要反复推敲整体布局的合理性。

在网页设计中，可以通过空间、文字和图形之间的相互关系建立整体的均衡搭配来构成美丽的页面，使浏览者有一个流畅的视觉体验。下面为设计制作一个网页轮播图，进一步讲解图层蒙版的相关知识。轮播图效果如图 5-67 所示。

图 5-67　轮播图效果

## 5.3.1　蒙版的简介及分类

蒙版主要是在不损坏原图层的基础上新建一个活动的图层，将不同的灰度值转化为不同的透明度，并作用到它所在的图层，使图层不同部位的透明度产生相应的变化。其中，黑色为完全透明，白色为完全不透明，被白色遮盖的区域是非选择部分，其余的是选择部分，对图像所做的任何改变将不对蒙版区域产生影响。

Photoshop CS6 提供了图层蒙版、剪贴蒙版和矢量蒙版 3 种蒙版。图层蒙版通过蒙版中的灰度信息来控制图像的显示区域；剪贴蒙版通过一个对象的轮廓来控制其他图层的显示区域；矢量蒙版通过路径和矢量形状控制图像的显示区域。

## 5.3.2　蒙版"属性"面板

蒙版"属性"面板，用于调整选定的滤镜蒙版、图层蒙版或矢量蒙版的不透明度和羽化范围，单击"图层"面板中的蒙版，再执行"窗口"→"属性"命令或双击蒙版，即可打开蒙版"属性"面板，如图 5-68 所示。

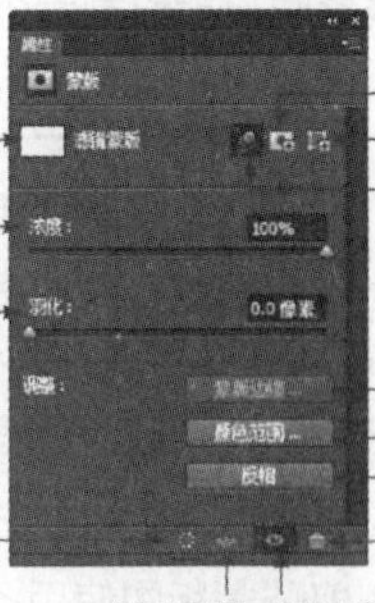

图 5-68　蒙版"属性"面板

## 5.3.3　图层蒙版

图层蒙版主要用于处理与分辨率相关的位图图像，可使用绘画工具或选择工具进行编辑。图层蒙版是非破坏性的，可以返回并重新编辑蒙版，而不会丢失蒙版隐藏的像素。

在"图层"面板中，图层蒙版显示为图层缩览图右边的附加缩览图，此缩览图代表添加图层蒙版时创建的灰度通道。

蒙版中的纯白色区域可以遮盖下面图层中的内容，只显示当前图层中的图像；蒙版中的纯黑色区域可以遮盖当前图层中的图像，显示出下面图层中的内容；蒙版中的灰色区域会根据其灰度值使当前图层中的图像呈现出不同层次的透明效果。

明白了图层蒙版的工作原理后，可以根据需要创建不同的图层蒙版。如果要完全隐藏上面图层的内容，可以为整个蒙版填充黑色，如图 5-69 所示。如果要完全显示上面图层的内容，可以为整个蒙版填充白色，如图 5-70 所示。

图 5-69　完全隐藏图层内容　　　　　　　　　图 5-70　完全显示图层内容

如果要使上面图层的内容呈现半透明效果，可以为蒙版填充灰色，如图 5-71 所示。如果要使上面图层的内容呈现渐隐效果，可以为蒙版填充渐变色，如图 5-72 所示。

图 5-71　半透明效果　　　　　　　　　　　　图 5-72　渐隐效果

### 5.3.4　剪贴蒙版

剪贴蒙版是一种非常灵活的蒙版，它表现为使用一个图像的形状限制另一个图像的显示范围，而矢量蒙版和图层蒙版只能控制一个图层的显示区域。

在剪贴蒙版组中，下面的图层为基底图层，其图层名称带有下画线。上面的图层为内容图层，内容图层的缩览图是缩进的，并显示图标。

剪贴蒙版可以使用某个图层的轮廓来遮盖其上方的图层，遮盖效果由底部图层的范围决定。底部图层的非透明区域将用来显示上方图层的内容，剪贴图层中的所有其他内容将被遮盖掉。

还可以在剪贴蒙版中使用多个内容图层，但它们必须是连续的图层。由于基底图层控制内容图层的显示范围，所以，移动基底图层就可以改变内容图层中的显示区域。

### 5.3.5　矢量蒙版

矢量蒙版与分辨率无关，可使用钢笔工具或形状工具创建。它可以返回并重新编辑，且不会丢失蒙版隐藏的像素。在"图层"面板中，矢量蒙版都显示为图层缩览图右边的附加缩览图。

使用矢量蒙版可以为图像添加边缘清晰的图像效果，如图 5-73 所示。在创建矢量蒙版后，用户可以为该图层应用一个或多个图层样式。通常用户在需要重新修改的图像的形状上添加矢量蒙版，就可以随时修改蒙版的路径，从而达到修改图像形状的目的。

图 5-73　创建矢量蒙版

### 5.3.6　应用案例——设计制作网站轮播图

本案例使用图像素材和背景色完成背景的制作，然后拖入主题图像，通过对主题图像色阶和图层混合模式的调整，获得丰富的图像效果。使用文字工具输入文字，并通过创建剪贴蒙版实现图案文字的效果，通过创建矢量蒙版实现丰富的图像展示效果。

扫码观看微课视频

 新建一个 Photoshop 文档，设置"新建"对话框中的各项参数，如图 5-74 所示。使用 RGB（245，237，132）填充背景。

 将素材图片"金秋.jpg"拖入设计文档，调整大小和位置。在"图层"面板中为其添加图层蒙版，如图 5-75 所示。

图 5-74　新建文档并填充背景色

图 5-75　拖入素材图并创建蒙版

 设置前景色为黑色，设置画笔的不透明度为 50%，流量为 50%。使用"柔边圆"画笔在画布中较暗位置涂抹，如图 5-76 所示。

 将素材图像"花茶 2.jpg"拖入设计文档，执行"图像"→"调整"→"色阶"命令，设置"色阶"对话框中的参数，如图 5-77 所示。

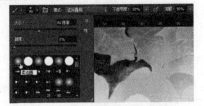

图 5-76　用画笔工具涂抹以增加图像层次

图 5-77　拖入素材并调整色阶

为图层添加图层蒙版，使用"画笔工具"在蒙版上涂抹，创建图 5-78 所示的蒙版效果。

 复制"图层 2"图层，在"图层"面板中设置复制的图层的混合模式为"颜色加深"，效果如图 5-79 所示。

图 5-78 为图层添加蒙版

图 5-79 设置图层混合模式

 使用"横排文字工具"在画布中输入文字，使用"直线工具"在画布中绘制图 5-80 所示的直线。

 继续使用"横排文字工具"在画布中输入文字。将素材图像"深秋.jpg"拖入设计文档，如图 5-81 所示。

图 5-80 输入文字并绘制直线

图 5-81 输入文字

 使用"移动工具"移动图片，覆盖文字，执行"图层"→"创建剪贴蒙版"命令，剪贴蒙版效果如图 5-82 所示。

 按下组合键【Ctrl+L】，打开"色阶"对话框，设置各项参数，如图 5-83 所示。

图 5-82 剪贴蒙版效果

图 5-83 调整图像色阶

 将素材图像"花茶 1.jpg"和"花茶 4.jpg"拖入设计文档，在"图层"面板中选择"图层 5"图层，如图 5-84 所示。

 使用"矩形工具"在画布中绘制矩形路径，执行"图层"→"矢量蒙版"→"当前路径"命令，矢量蒙版效果如图 5-85 所示。

图 5-84 拖入素材图

图 5-85 矢量蒙版效果

|  | 使用"直接选择工具"在矢量蒙版中修改矩形的轮廓，得到图 5-86 所示的效果。 |  | 使用相同的方法为另一张图片制作矢量蒙版效果，完成轮播图的制作，如图 5-87 所示。 |

图 5-86　修改矢量蒙版

图 5-87　完成制作

# 5.4　本章小结

　　通过对本章的学习，读者应在掌握图层相关知识的同时，了解平面广告中折页的制作方法和技巧、网页中轮播广告的制作方法与技巧，充分理解图层样式和图层蒙版在不同工作场景中的使用方法和要点。

# 5.5　课后测试

　　完成本章内容的学习后，接下来通过几道课后习题，测试一下读者的学习效果，同时加深对所学知识的理解。

### 5.5.1　选择题

（1）下拉选项中，用户不可以直接在"图层"面板中完成的是（　　）。

　　A. 图层组　　　　　　　B. 调整图层　　　　　　C. 填充图层　　　　　　D. 滤镜图层

（2）下拉选项中，不属于锁定图层的操作是（　　）。

　　A. 锁定透明像素　　　　B. 锁定图像像素　　　　C. 锁定位置　　　　　　D. 锁定填充色

（3）Photoshop CS6 针对图层的管理新增了"图层滤镜"功能，共包含了（　　）个选项。

　　A. 5　　　　　　　　　　B. 4　　　　　　　　　　C. 2　　　　　　　　　　D. 6

（4）设置"图层"面板中的"填充"不透明度，将影响（　　）的效果。

　　A. 形状　　　　　　　　B. 图像　　　　　　　　C. 样式　　　　　　　　D. 以上都不影响

（5）作为剪贴蒙版轮廓使用的图层应在显示图层的（　　）。

　　A. 下方　　　　　　　　B. 上方　　　　　　　　C. 左侧　　　　　　　　D. 右侧

### 5.5.2 创新题

根据本章所学知识，熟练使用图层的各种功能，设计制作教学比赛三折页，三折页效果参考图 5-88。

图 5-88　三折页效果

# 06

# 第6章
# 色彩的选择和调整

颜色是通过眼睛、大脑和人们的生活经验所产生的一种对光的视觉感受。人对颜色的感受不仅仅由光的物理性质所决定，往往还会受到周围颜色的影响。用户在绘图之前首先要选择适当的颜色，之后把形状和颜色结合在一起才能构成优秀的作品。另外，控制图像的色彩和调整图像的色调也是编辑图像的关键。

## 6.1 商业修片——调出绚丽的金发美女

调色是照片处理最基础也最重要的手法之一。通常，拍摄出来的照片由于受到环境等外界因素的影响，往往不能够表现出摄影师所追求的意境，而在商业活动中使用时，往往要求图片具有色彩强烈、色调夸张的炫目效果，这就需要对照片进行后期的调色处理。图6-1所示为调色后的绚丽的金发美女的图像效果。

原图                    调色后

图6-1 图像调色前后效果对比

### 6.1.1 色彩

色彩包括色相、饱和度和明度3种属性。

● 色相

色相是指从物体反射或通过物体传播的颜色。简单地说，色相就是色彩颜色。对色相的调整也就是在多种颜色之间变化。在通常的使用中，色相是由颜色名称标识的，例如红色、橙色和黄色都是色相。

● 饱和度

饱和度是指颜色的强度或纯度。调整饱和度也就是调整图像纯度：将一幅彩色图像的饱和度降低为 0 时，它就会变成一幅灰色的图像；提高饱和度时就会增加其纯度。例如，可以调整显示器颜色的饱和度。

● 明度

明度是指在各种图像色彩模式下，图形原色的明暗度。明度的调整就是明暗度的调整，明度的范围是 0~255，共包括 256 种色调。例如，灰度模式就是将白色到黑色连续划分为 256 种色调，即由白到灰，再由灰到黑。同理，在 RGB 模式中明度则代表各种原色的明暗度，即红色、绿色和蓝色三原色的明暗度。例如，将蓝色加深就成为深蓝色。

## 6.1.2　色彩模式

在 Photoshop CS6 中，颜色模式决定了用来显示和打印 Photoshop CS6 文档的色彩模式。Photoshop CS6 的颜色模式以建立好的描述和重现色彩的模式为基础。常见的颜色模式有 HSB、RGB、CMYK 和 Lab。Photoshop CS6 还包括用于特别颜色输出的模式，如索引颜色和双色调。

不同的颜色模式所定义的颜色范围不同，其通道数目和文件大小也不同，所以它的应用方法也就各不相同。下面介绍各种颜色模式的特点，让读者对各种颜色模式都有一个较为深刻地了解，从而合理有效地进行运用。

● RGB 模式

RGB 模式是 Photoshop CS6 中最为常用的一种颜色模式。不管是扫描输入的图像，还是绘制的图像，几乎都是以 RGB 的模式存储的。这是因为在 RGB 模式下处理图像较为方便，而且 RGB 图像比 CMYK 图像的文件体积要小得多，可以节省内存和存储空间。在 RGB 模式下，用户还能够方便地使用 Photoshop CS6 中所有的命令和滤镜。

RGB 模式由红、绿和蓝 3 种原色组合而成，然后由这 3 种原色混合产生出成千上万种颜色。RGB 模式下的图像是三通道图像，每一个像素由 24 位的数据表示，其中 RGB 模式中 3 种原色各使用了 8 位。每一种原色都可以表现出 256 种不同浓度的色调，所以 3 种原色混合起来就可以生成 1670 多万种颜色，也就是常说的真彩色，图 6-2 所示为 RGB 颜色模式的图像。

● CMYK 模式

CMYK 模式是一种印刷的模式。它由分色印刷的 4 种颜色组成，在本质上与 RGB 模式没什么区别，但它们产生色彩的方式不同，RGB 模式产生色彩的方式称为加色法，而 CMYK 模式产生色彩的方式称为减色法。

理论上将 CMYK 模式中的三原色，即青色、洋红色和黄色混合在一起即可生成黑色。但实际上等量的 C、M、Y 三原色混合并不能产生完美的黑色和灰色。因此，只有再加上一种黑色后，才会产生图像中的黑色和灰色。为了与 RGB 模式中的蓝色区别，黑色就以 K 字母表示，这样就产生了 CMYK 模式。CMYK 模式下的图像是四通道图像，每一个像素由 32 位的数据表示，图 6-3 所示为 CMYK 颜色模式图像。

图 6-2　RGB 颜色模式图像　　　　图 6-3　CMYK 颜色模式图像

在处理图像时，一般不采用 CMYK 模式，因为这种模式的文件较大，会占用更多的磁盘空间和内存。

此外，在这种模式下，有很多滤镜都不能使用，所以编辑图像时有很大的不便。因而通常都是在印刷时才转换成 CMYK 模式。

- 索引颜色模式

索引颜色模式是专业的网络图像颜色模式。在索引颜色模式下，可生成最多 256 种颜色的 8 位图像文件，容易出现颜色失真。

- 双色调模式

双色调模式不是一个单独的颜色模式，它包括 4 种不同的颜色模式：单色调、双色调、三色调和四色调。将图像转换为双色调模式前需要将图像转换为灰度模式，图 6-4 所示为双色调模式的图像。

双色调      三色调

图 6-4　双色调模式图像

- Lab 模式

Lab 模式是模仿人眼视角习惯所产生的模式。因为 Lab 模式描述的是颜色的显示方式，而不是设备（如显示器、桌面打印机或数码相机）生成颜色所需的特定色料的数量，所以 Lab 模式被视为与设备无关的颜色模型。色彩管理系统使用 Lab 模式作为色标，将颜色从一个色彩空间转换到另一个色彩空间。

在 Lab 模式中，L 代表亮度分量，它的范围是 $0 \sim 100$，a 代表绿色到红色的光谱变化，b 代表蓝色到黄色的光谱变化，颜色分量 a 和 b 的取值范围是 $-128 \sim 127$，图 6-5 所示为 Lab 模式的图像。

- 位图模式

位图模式只有黑色和白色两种颜色。它的每一个像素只包含 1 位数据，占用的磁盘空间最小。因此，在该模式下不能制作出色调丰富的图像，只能制作黑白两色的图像。当要将一幅彩色图像转换成黑白图像时，必须先将该图像转换成灰度模式的图像，然后再将它转换成只有黑白两色的图像，即位图模式的图像。

- 灰度模式

灰度模式的图像可以表现出丰富的色调，表现出自然界物体的存在形态和景观。但它始终是一幅黑白的图像，就像通常看到的黑白照片一样。灰度模式中的像素是由 8 位的位分辨率来记录的，因此能够表现出 256 种色调。利用 256 种色调就可以使黑白图像表现得相当完美。

灰度模式的图像可以直接转换成黑白图像和 RGB 模式的彩色图像，同样黑白图像和彩色图像也可以直接转换成灰度图像。但需要注意的是，当一幅灰度图像转换成黑白图像后再转换成灰度图像时，将不再显示原来图像的效果。这是因为灰度图像转换成黑白图像时，Photoshop CS6 会丢失灰度图像中的色调，而转换后丢失的信息将不能恢复。同理，RGB 图像转换成灰度图像时也会丢失所有的颜色信息，所以当 RGB 图像转换成灰度图像，再转换成 RGB 图像时，显示出来的图像将失去原来的颜色，图 6-6 所示为灰度模式的图像。

图 6-5　Lab 模式图像

图 6-6　灰度模式图像

- 多通道模式

多通道模式在每个通道中使用 256 级灰度。多通道图像对特殊的打印非常有用，例如，转换双色调用于以 Scitex CT 格式打印。

---

**操作演示——位图模式与灰度模式的相互转换**

① 执行"文件"→"打开"命令，打开素材图像"小狗.jpg"，如图 6-7 所示。执行"图像"→"模式"→"灰度"命令，如图 6-8 所示。

图 6-7　打开素材图

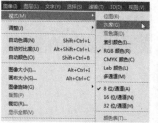

图 6-8　执行命令

扫码观看微课视频

② 单击弹出的"信息"对话框中的"扔掉"按钮，如图 6-9 所示，即可将位图模式转换为灰度模式，如图 6-10 所示。

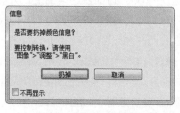

图 6-9　单击"扔掉"按钮

图 6-10　灰度模式图像

③ 执行"图像"→"模式"→"位图"命令，设置弹出的"位图"对话框中各项参数，如图 6-11 所示。单击"确定"按钮，弹出"半调网屏"对话框，设置各项参数，如图 6-12 所示。单击"确定"按钮，即可将灰度模式图像转换为以半调网屏方式显示的位图图像。

图 6-11　"位图"对话框

图 6-12　"半调网屏"对话框

### 6.1.3 色域和溢色

色域是指颜色系统可以显示或打印的颜色范围。RGB 模式的色域范围要远远超过 CMYK 模式，所以当 RGB 图像转换为 CMYK 图像后，图像的颜色信息会损失一部分，这也是在屏幕上设置好的颜色与打印出来的颜色效果有差别的原因。那些不能被打印出来的颜色被称为"溢色"。

在实际工作中，Photoshop CS6 设计出的图像多用于印刷，为了保证图像在转换成 CMYK 模式时不会出现溢色，Photoshop CS6 为用户提供了一项"色域警告"命令，用于检查在 RGB 模式下编辑的图像内容是否出现溢色。执行"视图"→"色域警告"命令，画面中出现的灰色便是溢色区域，如图 6-13 所示。

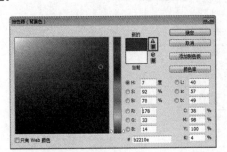 

原图　　　　　　　　　　　　　　溢色区域

图 6-13　色域警告

在使用"拾色器"或"颜色"面板设置颜色的时候，选择的颜色出现溢色时，Photoshop CS6 将自动给出警告，如图 6-14 所示。用户单击警告按钮，Photoshop CS6 将会自动选择最接近溢色标准的颜色来替代溢色。

图 6-14　溢色警告

### 6.1.4 "拾色器"对话框和"颜色库"对话框

"拾色器"是定义颜色的对话框，用户可以单击需要的颜色来进行设置，也可以使用颜色值准确地设置颜色。单击工具箱中"设置前景色"或"设置背景色"图标，弹出"拾色器"对话框，如图 6-15 所示。

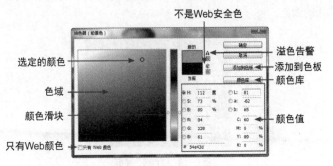

图 6-15　"拾色器"对话框

　　单击"颜色库"按钮，可以切换到"颜色库"对话框，如图 6-16 所示。勾选"只有 Web 颜色"复选框后，选取的任何颜色都是 Web 安全颜色，如图 6-17 所示。

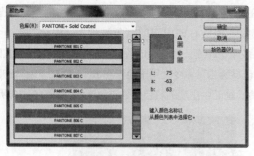

图 6-16　"颜色库"对话框

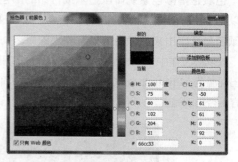

图 6-17　显示 Web 安全色

### 6.1.5　"颜色"面板和"色板"面板

　　使用"颜色"面板选择颜色如同在"拾色器"对话框中选色一样轻松，并且可以使用不同的颜色模式来进行选色。

　　执行"窗口"→"颜色"命令，打开"颜色"面板。在默认情况下，"颜色"面板提供的是 RGB 颜色模式的滑块。如果用户想使用其他模式，可以在"颜色"面板菜单中进行设置，如图 6-18 所示。

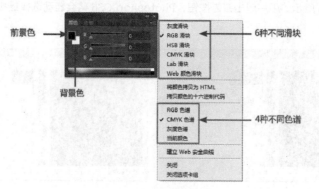

图 6-18　"颜色"面板

　　"色板"面板可存储用户经常使用的颜色，也可以在面板中添加和删除预设颜色，或者为不同的项目显示不同的颜色库。

　　执行"窗口"→"色板"命令，打开"色板"面板，如图 6-19 所示。移动鼠标指针至面板的色板方格中，光标变成吸管形状后单击即可选定当前指定的颜色。用户可以在"色板"面板中加入一些常用的颜色或者删除一些不常用的颜色。

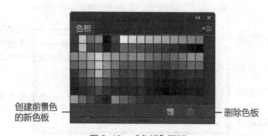

图 6-19　"色板"面板

操作演示——添加和删除色板

① 单击工具箱中"设置前景色"图标,在弹出的"拾色器"对话框中设置前景色为 RGB(150,250,0),如图 6-20 所示。

② 执行"窗口→色板"命令,打开"色板"面板,将鼠标指针移至"色板"面板的空白处,当光标变成油漆桶形状时,如图 6-21 所示,单击即可添加前景色。

图 6-20 设置前景色

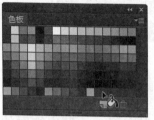

图 6-21 光标变成油漆桶形状

③ 在弹出的"色板名称"对话框中输入名称,如图 6-22 所示。单击"确定"按钮,即可将颜色添加到色板中,如图 6-23 所示。

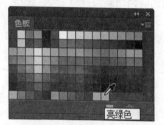

图 6-22 输入名称

图 6-23 添加到色板中

④ 在"色板"面板中选中"亮绿色"颜色,按住鼠标左键拖曳到"删除色板"按钮上,如图 6-24 所示,即可删除该颜色,如图 6-25 所示。

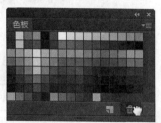

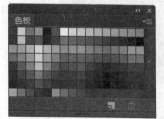

扫码观看微课视频

图 6-24 拖曳到"删除色板"按钮上

图 6-25 删除颜色

## 6.1.6 "直方图"面板

在 Photoshop CS6 中,直方图用图形表示图像的每个亮度级别的像素数量,显示像素在图像中的分布情况。通过查看直方图,用户可以判断出图像的阴影、中间调和高光区域中包含的细节是否充足,以便进行适当的调整。

执行"窗口"→"直方图"命令,打开"直方图"面板,单击右上角的扩展功能按钮,在弹出的面板菜单中可以选择直方图的显示方式,包括"紧凑视图""扩展视图"和"全部通道视图"等,如图 6-26 所示。

在"直方图"面板中,直方图的左侧代表了图像的阴影区域,中间代表了中间调区域,右侧代表了高光区域,如图 6-27 所示。直方图中的山脉代表了图像的数据,山峰则代表了数据的分布方式。较高的山峰表示该色调区域包含的像素较多,较低的山峰则表示该色调区域包含的像素较少。

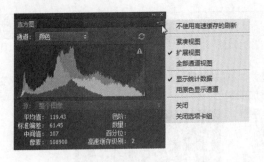

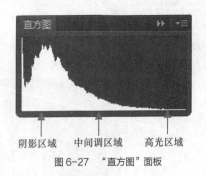

图 6-26 "直方图"面板菜单

阴影区域　中间调区域　高光区域

图 6-27 "直方图"面板

### 6.1.7 应用案例——调出绚丽的金发美女

本案例使用图像调整命令调整图像，获得绚丽风格的图像。首先使用"色阶"命令提高图像的对比度；然后使用"可选颜色"命令丰富图像的颜色；最后通过调整图层混合模式和锐化图像实现绚丽的金发美女效果。

扫码观看微课视频

|  | 打开素材图像"金发美女.jpg"，复制"背景"图层，得到"背景 副本"图层，如图 6-28 所示。 |  | 执行"图像"→"调整"→"色阶"命令，设置"色阶"对话框中各项参数，如图 6-29 所示。 |
|---|---|---|---|
| <br>图 6-28 打开图像并复制背景图层 | | <br>图 6-29 设置"色阶"对话框中的参数 | |
|  | 选择"背景 副本"图层，设置该图层的混合模式为"线性减淡（添加）"，不透明度为 60%，如图 6-30 所示。 |  | 单击"创建新的填充或调整图层"按钮，新建"可选颜色"调整图层，设置"属性"面板中的各项参数，如图 6-31 所示。 |
| <br>图 6-30 设置图层混合模式和不透明度 | | <br>图 6-31 设置"可选颜色"图层参数 | |

|  按组合键【Ctrl+Shift+Alt+E】盖印图层，得到"图层 1"图层，"图层"面板如图 6-32 所示。 |  新建"曲线"调整图层，设置"属性"面板中各项参数，如图 6-33 所示。修改图层不透明度为 50%，完成制作。 |
|---|---|
|  图 6-32 盖印图层 |  图 6-33 添加调整图层 |

## 6.2 商业修片——调整图像局部色调

商品的多样化是当今社会人们的重要需求，使用 Photoshop CS6 对衣服、鞋帽等商品图像进行色彩的调整，可以有效地减少拍摄流程。本案例将使用各种色彩调整命令调整图像中局部色调，获得丰富的产品效果，完成后的效果如图 6-34 所示。

原图

调色后

图 6-34 调整图像局部色调效果

### 6.2.1 调整命令与调整图层

"图像"→"调整"菜单中除了包含一些自动调整命令和特殊调整命令以外，还提供了许多针对性更强，功能更强大的调整命令。通过这些命令可以调整图像的指定颜色，改变图像的色相、饱和度、亮度和对比度等。"调整"菜单如图 6-35 所示。

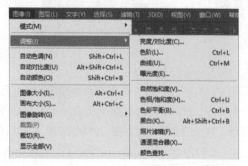

图 6-35 "调整"菜单

执行"窗口"→"调整"命令，可以打开"调整"面板。图 6-36 所示的面板菜单与菜单栏中的"图像"→"调整"菜单相似并且功能作用相同。

使用"图像"→"调整"菜单中的命令，会直接改变图像本身；而使用"调整"面板菜单中的选项则是创建调整图层，该图层用来记录调整命令的参数，而不会影响图像，可以随时执行编辑和删除操作。

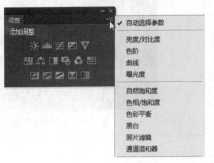

图 6-36　"调整"面板

　　调整图层可以同时影响多个图层，除了可以随时修改调整命令参数外，还可以使用"混合选项"和"图层样式"，添加、修改和删除蒙版。

### 6.2.2　"反相"命令

使用"反相"命令，可以将像素的颜色改变为它们的互补色，如黑变白、白变黑等。该命令是唯一不损失图像色彩信息的变换命令。

在使用"反相"命令前，可先选定反相的内容，如图层、通道、选区或整个图像，然后执行"图像"→"调整"→"反相"命令。图 6-37 所示为执行"反相"命令前后的效果对比，反相后的图像呈现底片效果。

图 6-37　反相效果

### 6.2.3　"色调均化"命令

"色调均化"命令可重新分配图像像素的亮度值，以便更平均地排布整个图像的亮度色调。

执行"图像"→"调整"→"色调均化"命令，Photoshop CS6 会先查找图像中的最亮值和最暗值，将最亮的像素变成白色，最暗的像素变为黑色。其余的像素映射在相应的灰度值上，然后合成图像。这样做可以让图像色彩分布更平均，提高图像的对比度和亮度，图 6-38 所示为执行"色调均化"命令前后的效果对比。

图 6-38　色调均化效果

如果在执行"色调均化"命令之前先创建选区，则 Photoshop CS6 会弹出"色调均化"对话框，让用户确定应用的区域，如图 6-39 所示。

图 6-39　"色调均化"对话框

## 6.2.4　"色阶"命令

"色阶"命令可以用来精确地调整图像的色调，执行"图像"→"调整"→"色阶"命令，打开"色阶"对话框，如图 6-40 所示。

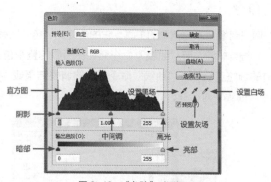

图 6-40　"色阶"对话框

"色阶"对话框中包含"输入色阶"中的 3 个滑块。用户拖曳滑块或在滑块下方的文本框中输入数值，即可调整图像中的阴影、中间调和高光区域。"输出色阶"用来限定图像的亮度范围，拖曳滑块或在滑块下方的文本框中输入数值可以调整图像的对比度。

单击"色阶"对话框中"设置黑场"按钮后，在图像中单击，可将单击点的像素和比该点暗的像素变成黑色；单击"设置灰场"按钮后，在图像中单击，可根据单击点像素的亮度来调整其他中间色调的平均亮度；单击"设置白场"按钮后，在图像中单击，可将单击点的像素和比该点亮度值大的像素变为白色。

| 操作演示——使用"色阶"命令调整图像 |
| --- |
| ① 打开素材图像"山脉.jpg"，效果如图 6-41 所示。执行"图像"→"调整"→"色阶"命令，打开"色阶"对话框，如图 6-42 所示。 |

图 6-41　打开素材

图 6-42　"色阶"对话框

② 设置"色阶"对话框中各项参数，如图 6-43 所示。单击"确定"按钮，调整效果如图 6-44 所示。

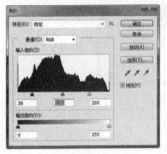

图 6-43　设置各项参数

扫码观看微课视频

图 6-44　色阶调整效果

### 6.2.5　"曲线"命令

"曲线"命令也是用于调整图像色彩与色调的工具，它的功能比"色阶"命令更加强大。"色阶"只有白场、黑场和灰度系数 3 个调整功能，而"曲线"命令允许在图像的整个色调范围内（从阴影到高光）最多调整 14 个点。在所有的调整工具中，"曲线"命令提供的调整结果最为精确。执行"图像"→"调整"→"曲线"命令，弹出"曲线"对话框，如图 6-45 所示。

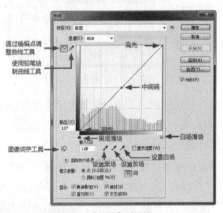

图 6-45　"曲线"对话框

### 6.2.6　"匹配颜色"命令

"匹配颜色"命令可以将一幅图像（原图像）的颜色与另一幅图像（目标图像）中的颜色相匹配，使多个图像的颜色保持一致。此外，该命令还可以匹配多个图层和选区之间的颜色。

操作演示——使用"匹配颜色"命令调出色彩斑斓的晚霞

① 打开素材图像"晚霞 1.jpg"和"晚霞 2.jpg",如图 6-46 所示。选择"晚霞 1.jpg"文件。

扫码观看微课视频

图 6-46　打开素材图像

② 执行"图像"→"调整"→"匹配颜色"命令,在"匹配颜色"对话框中的"源"选项中选择"晚霞 2.jpg",如图 6-47 所示。单击"确定"按钮,匹配效果如图 6-48 所示。

图 6-47　设置"匹配颜色"对话框中的参数

图 6-48　匹配效果

### 6.2.7 　"替换颜色"命令

"替换颜色"命令可以选择图像中的特定颜色并将其替换。该命令的对话框中包含了颜色选择选项和颜色调整选项。

操作演示——使用"替换颜色"命令改变蝴蝶的颜色

① 打开素材图像"黄蝴蝶.jpg",如图 6-49 所示。使用"快速选择工具"选中蝴蝶的黄色部分,创建选区如图 6-50 所示。

扫码观看微课视频

图 6-49　打开素材图　　　　图 6-50　选中黄色部分

② 执行"图像"→"调整"→"替换颜色"命令,单击"添加到取样"按钮,在图像中黄色区域多次单击,将其定义为需要调整的颜色,如图 6-51 所示。在"替换颜色"对话框中设置参数,如图 6-52 所示。单击"确定"按钮,替换颜色效果如图 6-53 所示。

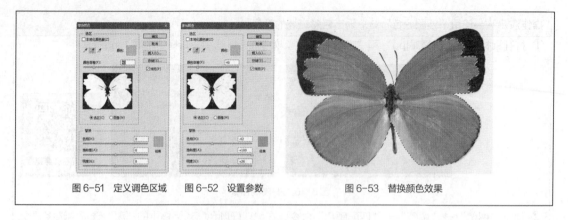

图 6-51　定义调色区域　　图 6-52　设置参数　　　　图 6-53　替换颜色效果

## 6.2.8　应用案例——调整图像局部色调

　　本案例将完成服装调色操作。使用"色相/饱和度"调整图层调整图像的整体色调后，通过添加图层蒙版将需要的内容保留下来，遮盖不需要的内容。

扫码观看微课视频

 打开素材图像"红纱.jpg"，按组合键【Ctrl+0】缩放图像，图像效果如图 6-54 所示。

 单击"图层"面板底部的"创建新的填充或调整图层"按钮，在快捷菜单中选择"色相/饱和度"选项，如图 6-55 所示。

图 6-54　打开素材图像

图 6-55　新建调整图层

 设置弹出的色相/饱和度"属性"面板中各项参数，如图 6-56 所示。

 设置前景色为黑色，使用"画笔工具"在调整图层蒙版上人物皮肤位置涂抹，如图 6-57 所示。

图 6-56　设置参数

图 6-57　在蒙版中涂抹

STEP **05** 新建"可选颜色"调整图层,设置"属性"面板中各项参数,如图 6-58 所示。选择"选取颜色 1"图层的蒙版。

STEP **06** 执行"图像"→"调整"→"反相"命令,使用"画笔工具"在人物皮肤位置涂抹白色,效果如图 6-59 所示。

图 6-58 设置"属性"面板中的参数

图 6-59 调色效果

## 6.3 商业修片——调出超震撼暗调大片

暗调大片一直是电影海报和商业广告最常用的宣传形式之一。这种影调的照片非常注重被摄实体的质感体现:逼真清晰的纹理、极具戏剧性的光影变化,以及含蓄又似乎一触即发的肢体表情张力,乍看黯淡无光,实则暗藏玄机。本案例将使用调整命令调出超震撼暗调大片的图像效果,完成后的效果如图 6-60 所示。

原图

调色后

图 6-60 超震撼暗调大片效果

### 6.3.1 "亮度/对比度"命令

"亮度/对比度"命令主要用来调节图像的亮度和对比度。虽然使用"色阶"和"曲线"命令都能实现此功能,但是这两个命令使用起来比较复杂,而使用"亮度/对比度"命令可以更加简便直观地完成亮度和对比度的调整。

执行"图像"→"调整"→"亮度/对比度"命令,弹出"亮度/对比度"对话框,如图 6-61 所示。

亮度和对比度的值为负值,图像亮度和对比度下降;如果值为正值,则图像亮度和对比度提高;当值为 0 时,图像不发生任何变换。图 6-62 所示为使用"亮度/对比度"命令调整图像前后效果对比。

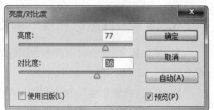

图 6-61 "亮度/对比度"对话框

原图                调整后

图 6-62   调整图像亮度/对比度前后效果对比

### 6.3.2   "色相/饱和度"命令

"色相/饱和度"命令可以调整图像中特定范围内颜色的色相、饱和度和亮度，或者同时调整图像中的所有颜色。该命令尤其适用于微调 CMYK 图像中的颜色，以便使它们处在输出设备的色域内。

执行"图像"→"调整"→"色相/饱和度"命令，弹出"色相/饱和度"对话框，如图 6-63 所示。

图 6-63   "色相/饱和度"对话框

勾选"着色"复选框可以将图像转换为只有一种颜色的单色图像，如图 6-64 所示。图像变为单色图像后，拖曳"色相""饱和度"和"明度"滑块可调整图像颜色，如图 6-65 所示。

图 6-64   着色效果                   图 6-65   调整效果

### 6.3.3   "自然饱和度"命令

"自然饱和度"命令可以在颜色接近最大饱和度时最大限度地减少修剪。"自然饱和度"对话框中有"自然饱和度"和"饱和度"两个滑块。

拖曳"自然饱和度"滑块调整饱和度时，可以将更多调整应用于不饱和的颜色并在颜色接近完全饱和时避免颜色修剪。拖曳"饱和度"滑块调整饱和度时，可以将相同的饱和度调整量用于所有的颜色，如图 6-66 所示。

图 6-66　使用"自然饱和度"命令调整图像

## 6.3.4　"通道混合器"命令

"通道混合器"命令可以使用图像中现有（源）颜色通道的混合来修改目标（输出）颜色通道，使用该命令可以实现以下功能。

> 进行改造性的颜色调整，这是其他颜色调整工具不易做到的。
> 创建高质量的深棕色调或其他色调的图像。
> 将图像转换到一些备选色彩空间中。
> 交换或复制通道。

　　　　　　"通道混合器"命令只能作用于 RGB 和 CMYK 颜色模式的图像，并且在执行此命令之前必须先选中主通道，而不能先选中 RGB 或 CMYK 颜色模式中的单一原色通道。

　　在"通道混合器"对话框中的"输出通道"下拉列表中，用户可以选择要调整的颜色通道。在"源通道"选项组中可以调整各原色的值。拖曳"常数"选项的滑块或在文本框中输入数值，可以改变指定通道的不透明度，如图 6-67 所示。

　　对于 RGB 模式的图像，常数值为负值时，通道的颜色偏向黑色；为正值时，通道的颜色偏向白色。当勾选"单色"复选框时，可以将彩色图像变成灰度图像，即图像只包含灰度值，此时，对所有色彩通道都将使用相同的设置。

## 6.3.5　"渐变映射"命令

　　"渐变映射"命令的主要功能是将预设的几种渐变模式作用于图像。将要处理的图像作为当前图像，执行"图像"→"调整"→"渐变映射"命令，弹出"渐变映射"对话框，如图 6-68 所示，单击颜色条右侧的按钮，会弹出一个面板。此面板中提供了多种渐变模式，如图 6-69 所示。

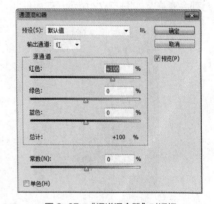

图 6-67　"通道混合器"对话框

图 6-68　"渐变映射"对话框

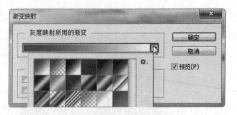

图 6-69　多种渐变模式

　　"渐变映射"命令提供的渐变模式与"渐变工具"的渐变模式一样，但两者所产生的效果却不一样。"渐变映射"命令不能应用于完全透明的图像；"渐变映射"命令先对所处理的图像进行分析，根据图像中各个像素的亮度，用所选渐变模式中的颜色替换。从调整后的图像中往往仍然能够看出源图像的轮廓，图 6-70 所示为使用"渐变映射"命令前后效果的对比。

原图　　　　　　　　　　　调整后

图 6-70　使用"渐变映射"命令

## 6.3.6　"阴影/高光"命令

　　"阴影/高光"命令是非常有用的命令，该命令能够基于阴影或高光中的局部相邻像素来校正每个像素，在调整阴影区域时，对高光区域的影响很小，而调整高光区域时又对阴影区域的影响很小。

　　例如，图 6-71 所示图像的色调较暗，如果使用"色阶"或"亮度/对比度"命令将它调亮，整个图像都会变亮，如图 6-72 所示；如果使用"阴影/高光"命令调整，就可以获得满意的结果，如图 6-73 所示。

图 6-71　原图像效果　　　图 6-72　使用"亮度/对比度"命令调整　图 6-73　使用"阴影/高光"命令调整

　　"阴影/高光"命令适合校正由强逆光而形成剪影的照片，也可以校正由于太接近相机闪光灯而有些发白的焦点，在用其他方式采光的图像中，这种调整也可以使阴影区域变亮，执行"图像"→"调整"→"阴影/高光"命令，弹出"阴影/高光"对话框，如图 6-74 所示。在该对话框右下方的勾选"显示更多选项"

复选框，可以显示更多选项，如图 6-75 所示。

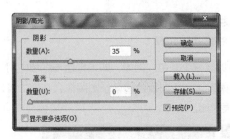

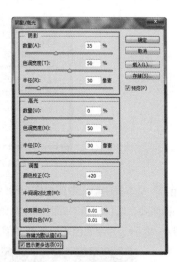

图 6-74 "阴影/高光" 对话框　　　　　　　图 6-75 勾选 "显示更多选项"

### 6.3.7 "变化" 命令

"变化" 命令是一个非常简单和直观的图像调整命令，它不像其他命令那样有复杂的选项。用户使用该命令时，只要单击图像的缩览图便可以调整色彩平衡、对比度和饱和度，并且还可以观察到原图像与调整结果的效果对比。需要注意的是，"变化" 命令不能用于索引颜色图像或 16 位/通道图像。

执行 "图像" → "调整" → "变化" 命令，弹出 "变化" 对话框，如图 6-76 所示。对话框在顶部的 "原稿" 缩览图中显示原始图像，"当前挑选" 缩览图中显示图像的调整结果。第一次打开该对话框时，这两个图像是一样的，但 "当前挑选" 图像将随着调整的进行实时显示当前的处理结果。如果单击 "原稿" 缩览图，则可将图像恢复为调整前的状态。

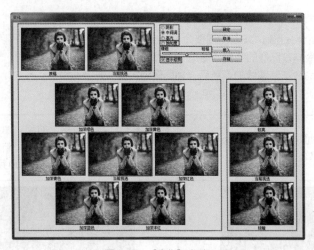

图 6-76 "变化" 对话框

### 6.3.8 "色彩平衡" 命令

"色彩平衡" 命令可以通过移动控制滑块或输入数值直观地根据感觉为图像的高光、中间调或暗调区域添加或减少某种颜色。"色彩平衡"对话框分为"色彩平衡"和"色调平衡"两个部分，如图 6-77 所示。

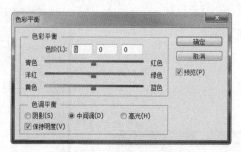

图 6-77　"色彩平衡"对话框

在"色阶"文本框中输入数值或拖曳滑块可增加或减少颜色。例如，如果青色与红色中间的滑块向红色移动，则图像会在增加红色的同时减少青色，而如果该滑块向青色移动，则图像会在增加青色的同时减少红色。图 6-78 所示为图像色彩平衡处理前后效果对比。

图 6-78　色彩平衡处理前后效果对比

使用"色调平衡"命令时可以选择一个色调范围来进行调整，包括"阴影""中间值"和"高光"。如果勾选"保持明度"选项，则可以防止图像的亮度值随颜色改变而变化，从而保持图像的色调平衡。

### 6.3.9　应用案例——调出超震撼暗调大片

本案例将使用 Photoshop CS6 的调整命令调出一张震撼暗调大片。在使用"可选颜色"命令丰富图像的色调，使用"曲线"命令增加图层的层次，使用"通道混合器"命令丰富图像的颜色后，为图像添加镜头光源滤镜。

扫码观看微课视频

 打开素材图像"女拳击手.jpg"，图像效果如图 6-79 所示。

 打开"调整"面板，单击"创建新的可选颜色调整图层"按钮，新建一个"可选颜色"调整图层，如图 6-80 所示。

图 6-79　打开素材图

图 6-80　新建调整图层

| STEP 03 | 设置可选颜色"属性"面板中各项参数，如图 6-81 所示。 | STEP 04 | 在"调整"面板中单击"创建新的曲线调整图层"按钮，新建一个"曲线"调整图层，如图 6-82 所示。 |

图 6-81 设置参数

图 6-82 新建调整图层

| STEP 05 | 设置曲线"属性"面板中各项参数，如图 6-83 所示。 | STEP 06 | 在"调整"面板中单击"创建新的通道混合器调整图层"按钮，新建一个"通道混合器"调整图层，如图 6-84 所示。 |

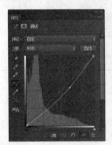

图 6-83 设置参数

图 6-84 新建调整图层

| STEP 07 | 设置通道混合器"属性"面板中各项参数，如图 6-85 所示。 | STEP 08 | 新建图层，设置前景色为黑色，使用"画笔工具"在图像四周涂抹出暗角效果，如图 6-86 所示。 |

图 6-85 设置参数

图 6-86 使用画笔工具涂抹

| STEP 09 | 按组合键【Ctrl+Shift+Alt+E】盖印图层，得到"图层 2"图层，如图 6-87 所示。 | STEP 10 | 执行"滤镜"→"渲染"→"镜头光晕"命令，为图像添加光照效果，效果如图 6-88 所示。 |

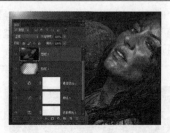

图 6-87　盖印图层

图 6-88　添加滤镜

新建一个"照片滤镜"调整图层，设置照片滤镜"属性"面板中各项参数，如图 6-89 所示。

选择"图层 2"图层，执行"滤镜"→"锐化"→"USM 锐化"命令。图像效果如图 6-90 所示。

图 6-89　添加调整图层

图 6-90　完成后的效果

## 6.4　本章小结

　　本章主要讲解了 Photoshop CS6 中的色彩模式的概念和图像色彩调整命令的使用。通过对本章的学习，读者应在了解色彩模式、色域、溢色和色彩模式转换等色彩基础知识的同时，熟练使用 Photoshop CS6 中"调整"菜单下的各种调整命令完成调色操作。

## 6.5　课后测试

　　完成本章内容的学习后，接下来通过几道课后习题，测试一下读者的学习效果，同时加深对所学知识的理解。

### 6.5.1　选择题

（1）下列选项中，不属于色彩属性的是（　）。

　　A. 色相　　　　　　　　B. 冷暖　　　　　　　　C. 饱和度　　　　　　　　D. 明度

（2）下列色彩模式中，色域范围最广的是（　）。

　　A. RGB　　　　　　　　B. CMYK　　　　　　　　C. Lab　　　　　　　　D. 灰度

（3）（　）命令可重新分配图像像素的亮度值，以便更平均地排布整个图像的亮度色调。

　　A. 色调均化　　　　　　B. 曲线　　　　　　　　C. 色阶　　　　　　　　D. 替换颜色

（4）勾选"色相/饱和度"对话框中的（　）复选框可以将图像转换为只有一种颜色的单色图像。

　　A. 着色　　　　　　　B. 色调　　　　　　C. 饱和度　　　　　D. 去色

（5）可以使用下列哪个命令快速调整逆光效果照片（　　）。

　　A. 阴影/高光　　　　B. 亮度对比度　　　　C. 色阶　　　　　　D. 曲线

## 6.5.2　创新题

　　根据本章所学知识，熟练使用各种色彩调整命令，对数码照片进行调色处理。案例参考效果如图 6-91 所示，该案例中使用了可选颜色、色相饱和度和色阶等多种色彩调整命令。

图 6-91　照片调色前后效果对比

# 第 7 章
# 通道的使用

通道除了用于保存选区外，在颜色通道中还记录了图像的颜色信息，通道是 Photoshop CS6 中功能最为强大的选择工具，用户可以使用各种绘画工具、选择工具和滤镜对通道进行处理和编辑，从而可以方便快捷地实现各种处理操作。

本章将对通道的相关基础知识进行介绍，并通过实例向读者介绍通道在设计中的应用，读者在学习本章的过程中，需要重点掌握通道的各种操作方法，并能够灵活运用。

## 7.1 设计制作公益广告

公益广告是为公众切身利益服务的广告，企业和社会团体通过公益广告关注社会问题，传达公益观念，倡导社会风尚。公益广告在具有社会效益性的同时，能够提高企业的号召力和影响力。案例使用 Photoshop CS6 制作一个珍惜水资源的公益广告，完成后的效果如图 7-1 所示。

### 7.1.1 了解"通道"面板

在 Photoshop CS6 中可以通过"通道"面板来创建、保存和管理通道。在 Photoshop CS6 中打开图像时，会在"通道"面板中自动创建该图像的颜色信息通道，如图 7-2 所示。单击"通道"面板右上角的扩展功能按钮，弹出"通道"面板菜单，如图 7-3 所示。

图 7-1　珍惜水资源公益广告

图 7-2 "通道"面板　　　　　　　　　　图 7-3 面板菜单

通道的概念与图层有些相似，图层表示的是不同图层像素的信息，显示一幅图像的各种合成成分。而通道表示的是不同颜色模式的颜色信息或选区。通道在 Photoshop CS6 中的重要性不亚于图层和路径，其功能概括起来有下面几点。

➢ 通道可以代表图像中的某一种颜色信息。例如：在 RGB 模式中，G 通道代表图像的绿色信息。

➢ 通道可以用来制作选区。可以通过分离通道来选择一些比较精确的选区，在通道中，白色代表的就是选区。

➢ 通道可以表示色彩的对比度。虽然每个原色通道都以灰色显示，但各个通道的对比度是不同的，这一功能在分离通道时可以比较清楚地看出来。

➢ 通道还可以用于修复扫描失真的图像。对于扫描失真的图像，不要在整幅图像上进行修改，要对图像的每个通道进行比较，对有缺点的通道进行单个修改，这样会达到事半功倍的效果。

➢ 使用通道制作特殊效果。通道不限于图像的混合通道和原色通道，还可以使用通道创建出倒影文字、3D 图像和若隐若现等效果。

## 7.1.2　通道的分类

Photoshop CS6 中包含了多种通道类型，主要可以分为颜色通道、Alpha 通道、专色通道。通道是 Photoshop CS6 的高级功能，它与图像的内容、色彩和选区有着密切地联系。

• 颜色通道

颜色通道记录了图像颜色的信息。图像的颜色模式不同，颜色通道的数量也不相同。RGB 图像包含红、绿、蓝 3 个颜色通道和一个复合通道，如图 7-4 所示；CMYK 图像包含青色、洋红、黄色、黑色通道和一个复合通道，如图 7-5 所示；Lab 图像包含明度，a、b 和一个复合通道，如图 7-6 所示；位图、灰度、双色调和索引颜色模式的图像都只有一个通道，如图 7-7 所示。

图 7-4 RGB 模式　　　图 7-5 CMYK 模式　　　图 7-6 Lab 模式　　　图 7-7 位图模式

• Alpha 通道

Alpha 通道与颜色通道不同，它不会直接影响图像的颜色。Alpha 通道有 3 种用途：第 1 种是用于保存选区；第 2 种是将选区存储为灰度图像，存储为灰度图像后用户就可以使用画笔等工具以及各种滤镜编辑 Alpha 通道，从而修改选区；第 3 种是从 Alpha 通道中载入选区。

在 Alpha 通道中，白色代表了被选择的区域；黑色代表了未被选择的区域；灰色代表了被部分选择的区域，即羽化的区域。用白色涂抹 Alpha 通道可以扩大选区范围；用黑色涂抹则收缩选区范围；用灰色涂抹则可以增加羽化的范围。图 7-8 所示为不同灰度色阶值的图像选择范围。

  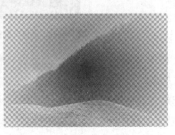

图 7-8　图像选择范围效果对比

Alpha 通道是计算机图形学中的术语，指的是特别的通道，有时它特指透明信息，但通常的意思是"非彩色"通道。在 Photoshop CS6 中通过使用 Alpha 通道可以制作出许多特殊的效果，它最基本的用处在于存储选区范围，并且不会影响图像的显示和印刷效果。当图像输入到视频时，Alpha 通道也可以用来决定显示区域。

• 专色通道和复合通道

专色通道是一种特殊的通道，它用来存储印刷用的专色。专色是用于替代或补充印刷色（CMYK）的特殊的预混油墨，如金属质感的油墨、荧光油墨等。通常情况下，专色通道以专色的名称来命名。

复合通道不包含任何信息，实际上只是同时预览并编辑所有颜色通道的一个快捷方式。它通常用来在单独编辑完一个或多个颜色通道后使"通道"面板返回到它的默认状态。

**操作演示——将选区存储为通道**

① 打开素材图像"创意木勺.jpg"，如图 7-9 所示。使用工具箱中的"快速选择工具"为木勺创建选区，如图 7-10 所示。

扫码观看微课视频

　　　　图 7-9　打开素材图像　　　　　　　　图 7-10　创建选区

② 单击"通道"面板上的"将选区存储为通道"按钮 ，创建"Alpha1"通道，如图 7-11 所示。新创建的"Alpha1 通道"在"通道"面板中默认被隐藏。

③ 单击"通道"面板上的"Alpha1"通道，图像效果如图 7-12 所示。图像中白色为被选择区域，黑色为被保护区域。

图 7-11　新建通道

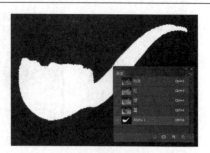

图 7-12　通道显示效果

### 7.1.3　同时显示 Alpha 通道和图像

创建 Alpha 通道之后，单击该通道，在文档窗口中只显示通道中图像。在这种情况下，描绘图像边缘时因看不到彩色图像而使制作的效果不够精确。此时，单击复合通道前的指示通道可见性图标，文档窗口中就会同时显示彩色图像和通道蒙版，如图 7-13 所示。

图 7-13　同时显示 Alpha 通道和图像

**操作演示——使用 Lab 模式锐化图像**

① 打开素材图像"美洲少女 2.jpg"，如图 7-14 所示。执行"图像"→"模式"→"Lab 颜色"命令，将图像转换为 Lab 颜色模式，"通道"面板如图 7-15 所示。

图 7-14　打开素材

图 7-15　"通道"面板

扫码观看微课视频

② 按住键盘上的【Ctrl】键，单击"通道"面板上"明度"通道的缩览图，载入选区，效果如图 7-16 所示。按组合键【Shift+Ctrl+I】反选选区。

③ 执行"滤镜"→"锐化"→"USM 锐化"命令，设置"USM 锐化"对话框中各项参数，如图 7-17 所示。单击"确定"按钮，按组合键【Ctrl+D】取消选区，锐化效果如图 7-18 所示。

图 7-16 载入选区　　　　图 7-17 设置参数　　　　图 7-18 锐化效果

### 7.1.4 选择通道并查看通道内容

打开一张素材图像，执行"窗口"→"通道"命令，打开"通道"面板。在"通道"面板中单击任一层即可选择通道，文档窗口中会显示所选通道的灰度图像，如图 7-19 所示。

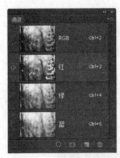 

图 7-19 所选通道的灰度图像

按住【Shift】键并单击通道，可选择多个不同的通道。文档窗口中会对应显示所选颜色通道的复合信息，如图 7-20 所示。通道名称的左侧显示通道内容的灰度图像缩览图，而在编辑通道时，缩览图会随时自动更新。

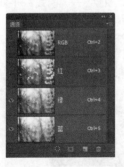 

图 7-20 所选通道的灰度图像

**常用小技能**：快速选择不同的通道

在"通道"面板中，每个通道的右侧都显示了组合键，按组合键【Ctrl+数字】可以快速选择对应的通道。例如，在 RGB 模式下按组合键【Ctrl+3】可以快速选择红通道。

---

操作演示——将通道中的图像粘贴到图层中

① 打开素材图像"粉玫瑰.jpg",如图 7-21 所示。在"通道"面板中选择"红"通道,按组合键【Ctrl+A】全选通道内容,再按组合键【Ctrl+C】复制通道内容,如图 7-22 所示。

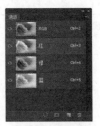

图 7-21　打开素材　　　　　　　　图 7-22　复制通道

② 单击选择复合通道,返回"图层"面板,按组合键【Ctrl+V】将复制的通道粘贴到图层中,得到"图层 1"图层,图像效果如图 7-23 所示。

扫码观看微课视频

图 7-23　粘贴通道效果

---

在对图像进行后期处理时,用户经常会对某一个通道中的信息与原图像进行混合操作,这就需要将通道中的信息提取出来。另外,将图层复制到通道中作为通道使用也是图像合成的常用方法。

---

操作演示——将图层中的图像复制到通道中

① 打开素材图像"杯冰激凌.jpg",如图 7-24 所示。按组合键【Ctrl+A】全选,再按组合键【Ctrl+C】复制图像。

② 在"通道"面板中新建一个 Alpha 1 通道,如图 7-25 所示。按组合键【Ctrl+V】即可将复制的图像粘贴到通道中,如图 7-26 所示。

扫码观看微课视频

图 7-24　打开素材图　　　图 7-25　新建通道　　　图 7-26　粘贴图像

---

### 7.1.5　应用案例——设计制作公益广告

　　本案例将完成一个珍惜水资源公益广告的设计制作。先充分利用通道与通道计算的功能完成对比强烈的图像效果的制作,再使用剪贴蒙版实现强烈的视觉冲击效果。

扫码观看微课视频

执行"文件"→"新建"命令，新建一个 Photoshop 文档，设置"新建"对话框中的各项参数，如图 7-27 所示。

 将素材图像"风情.jpg"拖入设计文档，调整图像大小和位置，效果如图 7-28 所示。

图 7-27 新建文档

图 7-28 拖入素材图

 按组合键【Ctrl+J】复制图层。执行"图像"→"调整"→"去色"命令，图像效果如图 7-29 所示。

 修改"图层 1 副本"的名称为"去色"，按组合键【Ctrl+L】打开"色阶"对话框，设置参数，如图 7-30 所示。

图 7-29 去色效果

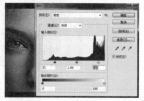

图 7-30 调整色阶

 打开素材图像"干裂.jpg"，如图 7-31 所示。按组合键【Ctrl+A】全选，按组合键【Ctrl+C】复制图像。

 返回设计文档，新建 Alpha 1 通道，按组合键【Ctrl+V】粘贴图像到 Alpha 1 通道中，效果如图 7-32 所示。

图 7-31 打开并复制素材图

图 7-32 粘贴到通道内

 执行"图像"→"计算"命令，设置"计算"对话框中各项参数，如图 7-33 所示。单击"确定"按钮，创建 Alpha 2 通道。

 选择 RGB 复合通道，执行"图像"→"应用图像"命令，设置"应用图像"对话框中各项参数，如图 7-34 所示。

图 7-33 设置各项参数

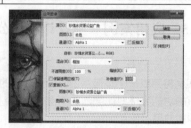

图 7-34 设置各项参数

执行"图像"→"计算"命令，设置弹出的"计算"对话框中各项参数，如图 7-35 所示。

 单击"确定"按钮，生成 Alpha 3 通道，如图 7-36 所示。

图 7-35　设置各项参数

图 7-36　计算生成通道

 选择 Alpha 3 通道，执行"滤镜"→"其他"→"高反差保留"命令，打开"高反差保留"对话框，设置参数，如图 7-37 所示。

 选择 RGB 复合通道，执行"图像"→"应用图像"命令，设置参数，如图 7-38 所示。

图 7-37　设置参数

图 7-38　设置参数

 新建一个图层，设置前景色为黑色，使用"画笔工具"在图层中涂抹，效果如图 7-39 所示。

 将"去色"图层拖曳到"图层 2"图层上方并创建剪贴蒙版，修改"图层 1"的不透明度为 70%，如图 7-40 所示。

图 7-39　使用"画笔工具"涂抹

图 7-40　创建剪贴蒙版

 使用"矩形工具"在图像右侧绘制矩形，使用"直排文字工具"在画布中输入文字，效果如图 7-41 所示。

 将素材图像"干裂叶子.psd"拖入设计文档，使用"横排文字工具"输入文字内容，完成后的效果如图 7-42 所示。

图 7-41　输入文字内容

图 7-42　完成后的效果

# 7.2 合成海底新娘图像

图像合成是设计创作中一项非常重要的内容。本案例将首先使用通道功能完成半透明人物图像抠取，然后将半透明人物图像与海底图像合成在一起，完成后的效果如图 7-43 所示。通过制作该合成图，读者应更深层次地理解通道的功能。

图 7-43 海底新娘合成图

## 7.2.1 选区、蒙版和通道的关系

在 Photoshop CS6 中通道、蒙版和选区具有很重要的地位，它们三者之间也存在着极大的关联，而且选区、图层蒙版、快速蒙版及 Alpha 通道四者之间具有 5 种转换关系，如图 7-44 所示。

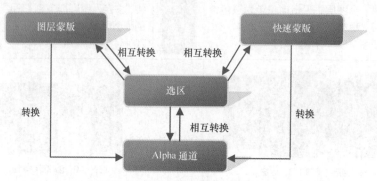

图 7-44 选区、蒙版和通道之间的关系

- 选区与快速蒙版的关系

选区和快速蒙版之间具有相互转换的关系。对图像的某个部分进行色彩调整，就必须有一个指定过程，这个指定过程被称为选取，选取后便会形成选区。选区主要包含以下两个概念。

选区是封闭的区域，可以是任何形状，但一定是封闭的，不存在开放的选区。

选区一旦建立，大部分的操作就只针对选区范围有效，如果要针对全图操作，必须先取消选区。

在具体操作时，可以通过创建并编辑快速蒙版得到选区，也可以通过将选区转换成快速蒙版，再对其进行编辑得到更为精确的选区。

- 选区与图层蒙版的关系

选区与图层蒙版之间同样具有相互转换的关系。通过在"图层"面板上单击"添加图层蒙版"按钮，为当前的图层添加一个图层蒙版。按住【Ctrl】键，在"图层"面板上单击图层蒙版缩览图，可以载入其存储的选区。

- 选区与 Alpha 通道的关系

选区与 Alpha 通道之间具有相互依存的关系。Alpha 通道具有存储选区的功能，在用到时可以载入选区。在图像上创建需要处理的选区，如图 7-45 所示。

执行"选择"→"存储选区"命令，或单击"通道"面板上的"将选区存储为通道"按钮，都可以将选区转换为 Alpha 通道，如图 7-46 所示。

图 7-45　图层蒙版的应用

图 7-46　载入图层蒙版选区

- Alpha 通道与快速蒙版的关系

快速蒙版可以转换为 Alpha 通道。在快速蒙版编辑状态下，"通道"面板中将会自动生成一个名称为"快速蒙版"的暂存通道，如图 7-47 所示。将该通道拖曳至"创建新通道"按钮上，释放鼠标左键可以复制通道并将其存储为 Alpha 通道，如图 7-48 所示。

图 7-47　创建选区

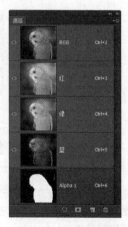
图 7-48　"通道"面板

- Alpha 通道与图层蒙版的关系

图层蒙版可以转换为 Alpha 通道。在"图层"面板上单击"添加图层蒙版"按钮，为当前图层添加一个图层蒙版，打开"通道"面板，可以看到"通道"面板中暂存了一个名称为"图层*蒙版"的通道。将该通道拖曳至"创建新通道"按钮上，释放鼠标左键可以复制通道并将其存储为 Alpha 通道。

| 操作演示——使用快速蒙版编辑选区 |
| --- |
| ① 打开素材图像"小甜点.jpg"，使用"快速选择工具"创建图 7-49 所示的选区。单击工具箱中的"以快速蒙版模式编辑"按钮，图像中的未被选择的区域就会被半透明红色填充，如图 7-50 所示。 |

图 7-49　打开素材并创建选区　　　　　　图 7-50　进入快速蒙版模式编辑

② 设置前景色为黑色，使用"画笔工具"在图 7-51 所示位置涂抹，半透明红色区域是被蒙版覆盖的区
域。单击工具箱中的"以标准模式编辑"按钮，编辑后的选区效果如图 7-52 所示。

扫码观看微课视频

图 7-51　涂抹修改选区　　　　　　　　图 7-52　修改后选区效果

---

**操作演示——通过合并通道创建彩色图像**

① 执行"文件"→"打开"命令，打开图 7-53 所示的素材图像。

扫码观看微课视频

图 7-53　打开素材图像

② 选择任意一个图像，选择"通道"面板菜单中的"合并通道"选项，然后在弹出的"合并通道"对
话框中设置参数，如图 7-54 所示。单击"确定"按钮，弹出"合并 RGB 通道"对话框，设置各项
参数，如图 7-55 所示。

图 7-54　设置"合并通道"对话框中的参数　　　　图 7-55　设置"合并 RGB 通道"对话框中的参数

③ 单击"确定"按钮，即可合并通道。在"合并 RGB 通道"对话框中改变各通道对应的图像，得到的
图像效果会不相同，如图 7-56 所示。

图 7-56　图像合成效果

## 7.2.2　"应用图像"命令

使用"应用图像"命令可以使用与图层关联的混合效果，将图像内部和图像之间的通道组合成新图像。它可以应用于全彩图像，或者图像的一个或多个通道。

使用"应用图像"命令时，当前图像总是目标图像，而且只能选择一幅源图像。Photoshop CS6 获取源和目标，将它们混合在一起，并将结果输出至目标图像中。打开素材图像，执行"图像"→"应用图像"命令，弹出"应用图像"对话框，如图 7-57 所示。

"应用图像"对话框中的"保留透明区域"复选框用来设置混合范围。勾选该复选框后，混合效果将被限定在图层的不透明区域范围内。"应用图像"对话框中的"蒙版"复选框用来显示隐藏的选项。勾选"蒙版"复选框后，用户可以选择包含蒙版的图像和图层，也可以选择任何颜色通道或 Alpha 通道作为蒙版。

图 7-57　"应用图像"对话框

---

**操作演示——使用"应用图像"命令改变图像的色调**

① 打开素材图像"冲撞色.jpg"，图像效果如图 7-58 所示。执行"窗口"→"通道"命令，打开"通道"面板，选择"绿"通道，如图 7-59 所示。

　　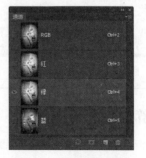　　

扫码观看微课视频

图 7-58　打开素材图　　　　图 7-59　选择"绿"通道

② 执行"图像"→"应用图像"命令，设置"应用图像"对话框中各项参数，如图 7-60 所示。单击"确定"按钮，选择"RGB"复合通道，图像效果如图 7-61 所示。

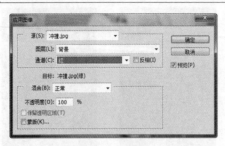

图 7-60　设置参数　　　　　　　　图 7-61　图像效果

操作演示——使用"应用图像"命令增加人物细节

① 打开素材图像"美洲少女.jpg"，如图 7-62 所示。打开"图层"面板，使用组合键【Ctrl+J】复制"背景"图层，得到"背景 副本"图层，如图 7-63 所示。

扫码观看微课视频

图 7-62　打开素材图像　　　　图 7-63　复制图层

② 执行"图像"→"应用图像"命令，设置"应用图像"对话框中各项参数，如图 7-64 所示。
③ 单击"确定"按钮。在"图层"面板中设置"背景 副本"图层的混合模式为"明度"，不透明度为 50%，完成后的效果如图 7-65 所示。

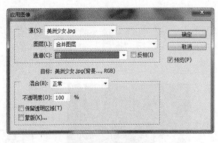

图 7-64　设置参数　　　　　　　　图 7-65　图像效果

### 7.2.3　"计算"命令

　　"计算"命令用于混合两个来自一个或多个源图像的单个通道，将计算结果应用到新图像的新通道或现有图像的选区中。但是，不能对复合通道应用此命令。打开素材图像，执行"图像"→"计算"命令，弹出"计算"对话框，如图 7-66 所示。

　　"源 1"用来选择第一个源图像、图层和通道。用户在该下拉列表中可以选择在 Photoshop CS6 中打开的文件，前提是该文件的尺寸与执行"计算"命令的文件尺寸相同，因为 Photoshop CS6 无法对不同尺寸的通道进行计算。

"源 2"用来选择与"源 1"混合的第二个源图像、图层和通道。该文件必须是打开的，并且与"源 1"的图像具有相同的尺寸和分辨率。

在"结果"下拉列表中可以选择一种计算结果的生成方式。该下拉列表包括"新建通道""新建文档"和"选区"3 个选项。选择"新建通道"选项，可以将计算结果应用到新的通道中，参与混合的两个通道不受任何影响；选择"新建文档"选项，可得到一个新的黑白图像；选择"选区"选项，可得到一个新的选区。

图 7-66　"计算"对话框

**操作演示——使用通道运算调整照片**

① 打开素材图像"云海中人.jpg"，使用选择工具创建人物裙子的选区，如图 7-67 所示。执行"选择"→"存储选区"命令，单击"存储选区"对话框中的"确定"按钮，如图 7-68 所示。

图 7-67　创建选区

图 7-68　存储选区

② 打开"通道"面板，在按住【Ctrl】键单击"红"通道，调出"红"通道选区，如图 7-69 所示。执行"选择"→"载入选区"命令，设置"载入选区"对话框中的各项参数，如图 7-70 所示。

图 7-69　调出"红"通道选区

图 7-70　载入选区

③ 按组合键【Ctrl+M】打开"曲线"对话框，设置各项参数，如图 7-71 所示。单击"确定"按钮。图像效果如图 7-72 所示。

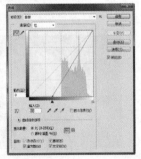

图 7-71　设置"曲线"对话框中的参数

图 7-72　图像效果

扫码观看微课视频

### 7.2.4　应用案例——合成海底新娘图像

本案例将完成一个海底新娘合成图像的制作。先通过使用通道的基本功能，完成半透明婚纱的抠取，再结合图层蒙版和调整色彩命令，制作逼真的合成图像效果。

扫码观看微课视频

 打开素材图像"婚纱.jpg"，图像效果如图 7-73 所示。

 打开"通道"面板，拖曳"红"通道至"创建新通道"按钮上，得到"红 副本"通道，如图 7-74 所示。

图 7-73　打开素材图像

图 7-74　创建副本通道

 选择"红 副本"通道，按组合键【Ctrl+L】打开"色阶"对话框，设置各项参数，如图 7-75 所示。

 使用"钢笔工具"沿人物边缘建立工作路径，按组合键【Ctrl+Enter】将路径转换为选区，如图 7-76 所示。

图 7-75　设置参数

图 7-76　创建选区

 单击"红 副本"通道，设置前景色为白色，使用"画笔工具"在人物不透明的位置涂抹，如图 7-77 所示。

 按组合键【Shift+Ctrl+I】反选选区，按组合键【Alt+Delete】，使用黑色填充选区，效果如图 7-78 所示。

图 7-77　使用画笔工具涂抹

图 7-78　反选并填充黑色

按组合键【Ctrl+D】取消选区，按住【Ctrl】键单击"红 副本"通道，载入"红副本"通道选区，如图 7-79 所示。

 返回复合通道，按组合键【Ctrl+J】复制选区内图像，隐藏"背景"图层，效果如图 7-80 所示。

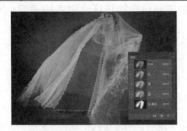

图 7-79　载入选区

图 7-80　复制选区内容

 打开素材图像"海底.jpg"。将设计文档中的"图层 1"图层复制粘贴到"海底"设计文档中，效果如图 7-81 所示。

 按组合键【Ctrl+L】打开"色阶"对话框，设置各项参数，如图 7-82 所示。

图 7-81　复制粘贴图层

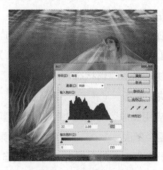

图 7-82　调整图像色阶

 为"图层 1"图层创建图层蒙版，使用"画笔工具"涂抹修饰，新建"亮度/对比度"调整图层，设置各项参数，如图 7-83 所示。

 将素材图片"气泡.png"拖入设计文档，并调整其大小和位置，最终效果如图 7-84 所示。

图 7-83　添加蒙版并调整亮度和对比度

图 7-84　完成后的效果

## 7.3 本章小结

本章完成了公益广告和合成图像的制作。在制作过程中，读者应掌握通道的基本分类和应用方法，能够深刻理解选区、蒙版和通道之间的关系，并能在不同场景中通过转换选区、蒙版和通道，制作出更好的效果。

## 7.4 课后测试

完成本章内容的学习后，接下来通过几道课后习题，测试一下读者的学习效果，同时加深对所学知识的理解。

### 7.4.1 选择题

（1）下列选项中关于 Alpha 通道的论述错误的是（ ）。

    A. 用于保存选区　　　　　　　　　　　　B. 其他都不对

    C. 将选区存储为灰度图像　　　　　　　　D. 从 Alpha 通道中载入选区

（2）按住键盘上的（ ）键，单击"通道"面板上的通道缩览图，即可载入选区。

    A.【Alt】　　　　　B.【Shift】　　　　　C.【Ctrl】　　　　　D.【Alt+1】

（3）在快速蒙版编辑状态下，"通道"面板中将会自动生成一个名称为（ ）的暂存通道。

    A. 快速蒙版　　　　B. 通道 1　　　　　C. 蒙版 1　　　　　D. 选区

（4）"应用图像"对话框中的"保留透明区域"用来设置（ ）。

    A. 混合范围　　　　B. 透明效果　　　　C. 选区范围　　　　D. 颜色范围

（5）"计算"命令用于混合（ ）个来自一个或多个源图像的单个通道，将计算结果应用到新图像的新通道或现有图像的选区中。

    A. 2　　　　　　　　B. 3　　　　　　　　C. 4　　　　　　　　D. 6

### 7.4.2 创新题

根据本章所学知识，熟练使用通道功能设计制作杂志封面，参考封面案例效果如图 7-85 所示。

图 7-85　杂志封面效果

# 08

# 第8章
# 3D、动画和视频

随着功能的逐渐完善，Photoshop 变得日益强大。用户不但可以在 Photoshop CS6 中处理图像、文字和矢量图形，还可以对 3D 对象和视频文件进行编辑处理。使用 Photoshop 制作 GIF 动画也成为众多网页设计师的选择。本章将对 Photoshop CS6 的 3D 功能、视频图层和"时间轴"面板等内容进行讲解，帮助读者快速掌握这些内容，并应用到实际工作中。

## 8.1 设计制作网店三维店招

店招原指商店的招牌。如今随着网络交易平台的发展，店招的概念也延伸到网店中，用来展示店铺和产品信息。网店店招一般都有统一的大小要求和设计规范，以确保能在网页中正确显示。下面讲解 Photoshop CS6 中 3D 功能的使用，并设计制作一个网店的三维店招，三维店招效果如图 8-1 所示。

图 8-1　三维店招效果

### 8.1.1　3D 功能简介

Photoshop CS6 不但可以打开和处理由 Adobe Acrobat 3D Version 8、3D Studio Max、Alias、Maya 以及 GoogleEarth 等程序创建的 3D 文件，而且可以直接为这些 3D 文件绘制贴图、制作动画。

打开一个 3D 文件时，可以保留该文件的纹理、渲染及光照等信息，并且把模型放在 3D 图层上，在该图层上显示各种详细信息，如图 8-2 所示。

图 8-2 3D 文件和"图层"面板

 提示

若无法使用"从 3D 文件新建图层"命令，可能是未打开"首选项"→"性能"下的"启用 OpenGL 绘图"选项。如果该选项为灰色、不能选择状态，则表示用户的电脑显卡不支持 3D 加速。

 知识扩展

什么是 OpenGL？有什么作用？

OpenGL 是一种软件和硬件标准，可在处理大型或复杂图像（如 3D 文件）时加快视频处理过程。OpenGL 需要支持 OpenGL 标准的视频适配器。在安装了 OpenGL 的系统中，打开、移动和编辑 3D 模型时的性能将极大提高。

### 8.1.2 打开 3D 文件与合并 3D 图层

执行"3D"→"从文件新建 3D 图层"命令后，弹出"打开"对话框。单击"文件类型"右侧的三角形按钮，在下拉列表中看到 Photoshop CS6 支持下列 3D 文件格式：3DS、DAE、FL3、KMZ、U3D 和 OBJ。选择文件，单击"打开"按钮，即可新建 3D 图层，如图 8-3 所示。

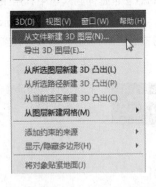

图 8-3 打开 3D 文件

执行"3D"→"合并 3D 图层"命令可以合并一个 Photoshop CS6 文档中的多个 3D 模型。合并后，可以单独处理每个 3D 模型，或者同时在所有模型上使用调整对象和视图的工具。

### 8.1.3 使用凸出命令创建 3D 图层

在 Photoshop CS6 中，可以使用凸出命令分别使图层、路径、选区和文字等 2D 对象凸出到 3D 网格中，如图 8-4 所示。然后可以继续对其进行一系列操作。

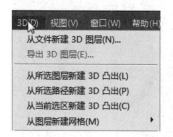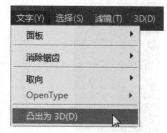

图 8-4　新建 3D 凸出

　　选择 Photoshop CS6 文档中的任一图层，执行"3D"→
"从所选图层新建 3D 凸出"命令，即可使该图层的对象凸出
为 3D 网格。使用"钢笔工具"或"形状工具"在文档中创
建路径或形状，执行"3D"→"从所选路径新建 3D 凸出"
命令，即可使该路径凸出为 3D 网格。

### 8.1.4　3D 轴

　　当用户使用"移动工具"选中 3D 对象时，3D 轴就会
出现在 3D 网格对象上。使用 3D 轴可以显示 3D 空间中 3D
网格当前 $X$、$Y$ 和 $Z$ 轴的方向。

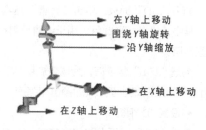

图 8-5　3D 轴

　　3D 轴绿色箭头代表 $Y$ 轴，蓝色箭头代表 $Z$ 轴，红色箭头代表 $X$ 轴。每一个箭轴都由 3 部分组成，分
别实现对 3D 对象的移动、旋转和缩放操作，如图 8-5 所示。

### 8.1.5　"3D"面板和"属性"面板

　　执行"窗口"→"3D"命令，可以打开"3D"面板。在 Photoshop CS6 中，用户使用"3D"面板
可完成 3D 对象的创建、选择和编辑等操作，如图 8-6 所示。新建一个空白文档，在"3D"面板中设置参
数后，单击"创建"按钮，即可创建一个 3D 对象，如图 8-7 所示。

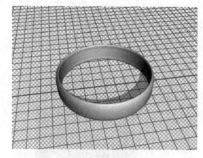

图 8-6　"3D"面板　　　　　　　　　　图 8-7　创建 3D 对象

　　单击"3D"面板中的选项，可打开"属性"面板。用户通过"属性"面板可以设置该选项的各项参
数，如图 8-8 所示。单击"属性"面板中"IBL"选项后的颜色块，在弹出的"拾色器（光照颜色）"对
话框中设置颜色，可以改变 3D 对象的颜色，如图 8-9 所示。

图 8-8 "属性"面板

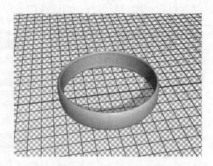

图 8-9 改变 3D 对象颜色

- 设置 3D 环境

打开"3D"面板，单击"环境"选项。用户可在弹出的"属性"面板中设置关于"环境"的各项参数。其中，"全局光颜色"用于设置反射在表面上的可见全局光的颜色，该颜色用于特定材质的环境色的相互作用。

勾选"IBL"复选框，为场景启用基于图像的光照；"颜色"用来设置基于图像的光照的颜色和强度；"阴影"用来设置地面光照的颜色和强度；"反射"用来设置地面阴影的颜色、不透明度和粗糙度。

- 设置 3D 相机

单击"3D"面板上的"当前视图"选项，"属性"面板如图 8-10 所示。在"视图"下拉列表中提供了 8 种默认的预设视图。在画布中拖曳 3D 对象到某种角度，在"视图"下拉列表中单击"存储"选项，可以保存当前视图为自定义视图。

图 8-10 3D 相机"属性"面板

- 设置 3D 材质

单击 3D 面板上的"网格材质"选项，"属性"面板如图 8-11 所示。

图 8-11 设置 3D 材质

"漫射"可以设置材质的颜色；"镜像"用于为镜面属性设置显示颜色；"发光"用于创建从内部照亮 3D 对象的效果；"环境"用于设置在反射表面上可见的环境光的颜色，该颜色与用于整个场景的全局环境色相互作用。

"闪亮"可增加 3D 场景、环境映射和材质表面上的光泽。"反射"可以增加 3D 场景、环境映射和材质表面上其他对象的反射；"凹凸"可以在不改变底层网格的情况下，在材质表面创建凹凸，其中，较亮的值创建突出的表面区域，较暗的值创建平坦的表面区域。"凹凸"可以创建或载入凹凸映射文件，还可以通过直接在模型上绘制的方式创建凹凸映射文件。

"材质"拾色器提供了 18 种默认材质纹理，可以用来快速设置材质纹理，如图 8-12 所示。

图 8-12 "拾色器"材质

"环境"用来存储 3D 模型周围环境的图像。环境映射会作为球面全景来应用，用户可以在模型的反射区域中看到环境映射的内容。

### 8.1.6 材质拖放工具

Photoshop CS6 新增了一个"3D 材质拖放工具"，其选项栏如图 8-13 所示。用户可以将选择的材质直接指定给特定的 3D 模型，也可以将模型的材质载入材质油漆桶，供其他 3D 模型使用。

图 8-13 "3D 材质拖放工具"选项栏

在工具箱中单击"3D 材质拖放工具"按钮，单击选项栏中"载入所选材质"按钮，即可将当前所选 3D 模型的材料载入材质油漆桶。"载入的材质"处显示载入的材质名称。

### 8.1.7 设置纹理映射

纹理映射是制作逼真 3D 图像的一个重要部分。用户运用它可以方便地制作出极具真实感的图形而不必花过多时间来考虑物体的表面细节。

在"3D"面板中选择需要添加纹理映射的 3D 网格后，单击"属性"面板上各选项后的文件夹按钮，如图 8-14 所示。

在弹出的快捷菜单中选择"载入纹理"命令。添加纹理文件，即可完成纹理的添加。

纹理加载的过程会影响 Photoshop CS6 编辑渲染图像的速度，当纹理图像非常大时，这种情况尤为明显。如何妥善管理纹理，提高制作效率，是使用纹理映射时必须考虑的一个问题。

图 8-14 设置纹理映射

操作演示——为正四棱锥添加纹理映射

① 新建一个 500 像素×500 像素的 Photoshop 文档，如图 8-15 所示。执行"3D"→"从图层新建网格"→"网格预设"→"金字塔"命令，如图 8-16 所示。

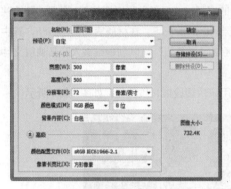

扫码观看微课视频

　　　　图 8-15　新建文档　　　　　　　　　　图 8-16　执行命令

② 使用"3D 旋转工具"调整视图，在"3D"面板上选中"前部材质"，如图 8-17 所示。单击"属性"面板中的"漫射"选项后面的文件夹按钮，选择"移去纹理"选项，如图 8-18 所示。再次单击文件夹按钮，选择"载入纹理"命令，将"林间秋季.jpg"载入，效果如图 8-19 所示。

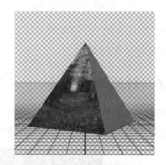

　　图 8-17　选中"前部材质"　　　　图 8-18　移去纹理　　　　　图 8-19　载入纹理

③ 在"3D"面板中选择"右侧材质"，如图 8-20 所示。单击"属性"面板"漫射"选项后的文件夹按钮，在快捷菜单中选择"替换纹理"，如图 8-21 所示。将图像"林间秋季 2.jpg"载入，效果如图 8-22 所示。

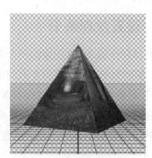

　　图 8-20　选中"右侧材质"　　　　图 8-21　替换纹理　　　　　图 8-22　载入纹理

操作演示——设置重复纹理

① 新建一个 500 像素×500 像素的空白文档，执行"3D"→"从图层新建网格"→"网格预设"→"球体"命令，如图 8-23 所示。在"3D"面板上选择"球体材质"，单击"属性"面板上"漫射"后面的文件夹按钮，选择"替换纹理"命令，如图 8-24 所示。

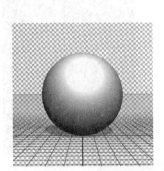

扫码观看微课视频

图 8-23　新建球体　　　　　　　　　图 8-24　替换纹理

② 选择图像"雪树.jpg"，效果如图 8-25 所示。再次单击文件夹按钮，选择"编辑 UV 属性"命令，在"纹理属性"对话框中设置参数，如图 8-26 所示。单击"确定"按钮，效果如图 8-27 所示。

图 8-25　纹理效果　　　　　图 8-26　设置纹理属性　　　　　图 8-27　纹理效果

### 8.1.8　设置 3D 光源

3D 光源可以从不同角度照亮模型，从而使模型更具逼真的深度和阴影效果。Photoshop CS6 提供了 3 种类型的光源，分别为点光、聚光灯和无限光，每种光源都有独特的选项。单击"3D"面板上的光源选项，"属性"面板如图 8-28 所示。

图 8-28　设置 3D 光源

在"属性"面板上选择的光源类型为"点光"或"聚光灯"时，面板参数会发生变化，增加了一个"光照衰减"复选框，如图 8-29 所示。

勾选"光照衰减"复选框后，"内径"和"外径"选项决定衰减锥形，以及光源强度随对象距离的增加而减弱的速度，如图 8-30 所示。对象接近"内径"限制时，光源强度最大；对象接近"外径"限制时，光源强度为 0；对象处于中间距离时，光源从最大强度线性衰减为 0。

图 8-29　选择不同的光源类型

单击"原点处的点"按钮，将聚光灯目标移动到原点的位置。单击"移到视图"按钮，将光源移动到当前视图中。"聚光"用来设置光源中心的宽度，"锥形"用来设置光源的外部宽度，如图 8-31 所示。

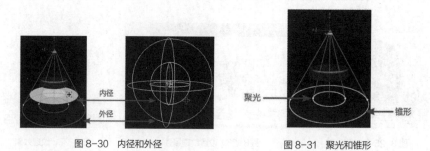

图 8-30　内径和外径　　　　　　　　图 8-31　聚光和锥形

新建 3D 图层时，Photoshop CS6 会自动添加光源。用户如果想为场景新建光源，则可以单击"3D"面板下部的"将新光源添加到场景"按钮，然后从 3 种光源中选择，如图 8-32 所示。添加完成后，可以在"属性"面板中对其各项参数进行设置。

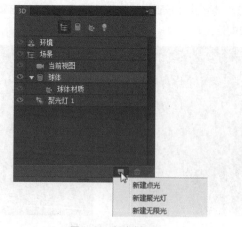

图 8-32　新建光源

如果要删除场景中的光源，只需在"3D"面板中选择该光源，单击面板底部的"删除所选内容"按钮，即可将该光源删除。

---

**操作演示——显示/隐藏多边形**

① 新建一个 500 像素×500 像素的空白文档，执行"3D"→"从图层新建网格"→"网格预设"→"酒瓶"命令，创建一个酒瓶模型，如图 8-33 所示。

② 使用"快速选择工具"创建图 8-34 所示的选区。执行"3D"→"显示/隐藏多边形"→"选区内"命令，隐藏选区内的多边形，效果图 8-35 所示。

扫码观看微课视频

图 8-33　新建酒瓶网格　　　图 8-34　创建选区　　图 8-35　隐藏多边形

③ 执行"3D"→"显示/隐藏多边形"→"反转可见"命令，除选区内的多边形以外的部分将被隐藏，如图 8-36 所示。执行"3D"→"显示/隐藏多边形"→"显示全部"命令，如图 8-37 所示，模型将所有隐藏的部分显示出来，效果如图 8-38 所示。

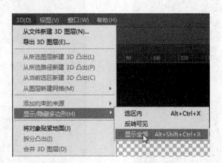

图 8-36　反转可见效果　　　图 8-37　"显示全部"命令　　　图 8-38　显示效果

---

### 8.1.9　选择可绘画区域

由于模型视图不能与 2D 纹理一一对应，所以直接在模型上绘图与直接在 2D 纹理映射上绘图是不同的。因此，只观看 3D 模型，无法明确判断是否可以成功地在某些区域绘画。

执行"3D"→"选择可绘画区域"命令，可以选择模型上能够绘图的最佳区域，如图 8-39 所示。

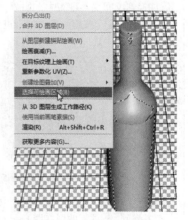

图 8-39　选择可绘画区域

3D 模型上多种材质所使用的漫射纹理文件可将应用于模型不同表面上的多个内容区域编组，这个过程叫作绘图映射。它将 2D 纹理映射中的坐标与 3D 模型上的特定坐标相匹配，而 UV 映射能使 2D 纹理正确地绘制在 3D 模型上。

对于在 Photoshop CS6 外创建的 3D 内容，绘图映射发生在创建内容的程序中。然而，Photoshop CS6 可以将绘图叠加创建为参考线，帮助用户直观地了解 2D 纹理映射如何与 3D 模型表面匹配。在编辑纹理时，这些叠加可作为参考线。

---

**操作演示——创建帽子的 3D 网格**

① 新建一个 500 像素×500 像素的 Photoshop 文档，如图 8-40 所示。执行"3D"→"从图层新建网格"→"网格预设"→"帽子"命令，新建一个帽子网格，如图 8-41 所示。

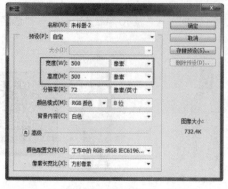

图 8-40 新建文档　　　　　　　　　　　　图 8-41 新建帽子网格

② 使用"3D 模式工具"调整视图，在"3D"面板中选择"帽子材质"选项，如图 8-42 所示。单击"属性"面板中"漫射"选项后面的文件夹按钮，选择"编辑纹理"命令，如图 8-43 所示。

图 8-42 选择帽子材质　　　　　　　　　　图 8-43 编辑纹理

③ 切换到纹理文件视图中，如图 8-44 所示。执行"3D"→"创建纹理叠加"→"线框"命令，使用"画笔工具"按照线框的提示进行绘制，如图 8-45 所示。

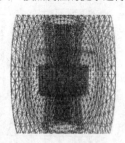

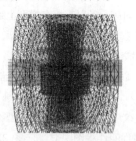

图 8-44 创建纹理叠加　　　　　　　　　　图 8-45 绘制纹理

④ 保存纹理文件。返回 3D 文件，如图 8-46 所示。执行"3D"→"重新参数化"命令，然后选择"较少接缝"选项，效果如图 8-47 所示。

图 8-46　绘制纹理效果

图 8-47　重新参数化

　　在"属性"面板中单击文件夹按钮，选择"编辑纹理"命令，切换到纹理文件，执行"3D"→"创建纹理叠加"命令，可以显示不同的绘图叠加效果。

　　绘图叠加会作为附加图层添加到纹理文件的"图层"面板中。用户可以显示、隐藏、移动或删除绘图叠加。关闭并存储纹理文件，或从纹理文件切换到关联的 3D 图层（纹理文件自动存储）时，绘图叠加会出现在模型表面。

### 8.1.10　存储和导出 3D 文件

　　保存 3D 对象时，用户可以将文档保存为 PSD 格式，也可以通过执行"3D"→"导出 3D 图层"命令，将 3D 图层导出为受支持的 3D 文件格式，如图 8-48 所示。设置文件名后单击"保存"按钮，弹出图 8-49 所示的"3D 导出选项"对话框，选择纹理的格式。

图 8-48　导出 3D 图层

图 8-49　选择纹理格式

提示

　　"纹理"图层可以以所有 3D 文件格式存储，但是 U3D 只保留"漫射""环境"和"不透明度"纹理映射；OBJ 格式不存储相机设置、光源和动画；只有 DAE 会存储渲染设置。

### 8.1.11　应用案例——设计制作网店三维店招

　　本案例将制作一个网店三维店招。首选通过使用 3D 功能完成三维标题文字的设计制作，增加店招页面的视觉冲击力，接下来使用文字工具完善店招内容，丰富页面效果。

扫码观看微课视频

执行"文件"→"新建"命令，新建一个 Photoshop 文档，设置"新建"对话框中各项参数，如图 8-50 所示。

 使用"横排文字工具"在画布中输入文字，在"字符"面板中设置参数，如图 8-51 所示。

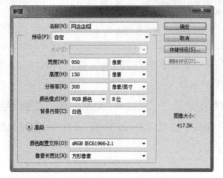

图 8-50　新建文档

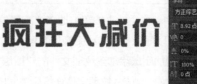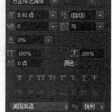

图 8-51　输入文字

 执行"文字"→"凸出为 3D"命令，在"3D"面板中选择"前膨胀凸出"，如图 8-52 所示。

 单击"属性"面板"漫射"后面的颜色块。设置弹出的"拾色器（漫射颜色）"对话框中各项参数，如图 8-53 所示。

图 8-52　选择"前膨胀突出"

图 8-53　设置"拾色器（漫射颜色）"对话框

 单击画布中的 3D 对象，在"3D"面板中选择"前膨胀材质"，在"材质"拾色器中选择"趣味纹理 2"，如图 8-54 所示。

 在"3D"面板中选择"凸出材质"，在"属性"面板中设置漫射颜色，如图 8-55 所示。

图 8-54　"材质"拾色器

图 8-55　设置漫射颜色

 在"属性"面板中打开"形状预设"下拉列表，选择"膨胀"。设置"凸出深度"为最大值，如图 8-56 所示。

 单击"属性"面板"反射"后面的图标，在快捷菜单中单击"载入纹理"选项，将素材图片"金色.jpg"载入，如图 8-57 所示。

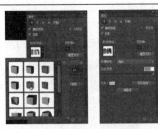

图 8-56　设置凸出深度

图 8-57　载入纹理

使用选项栏上的"旋转 3D 对象"和"滑动 3D 对象"调整 3D 对象的位置和角度，单击"属性"面板底部的"渲染"按钮 进行渲染，效果如图 8-58 所示。

渲染后，复制 3D 图层，隐藏原图层，在复制的图层上单击鼠标右键，在快捷菜单中选择"栅格化 3D"选项，如图 8-59 所示。

图 8-58　渲染效果

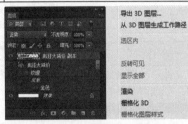

图 8-59　栅格化 3D 凸出

使用"圆角矩形工具"绘制形状，使用"横排文字工具"输入文字，使用"自定形状工具"绘制箭头，完成后的效果如图 8-60 所示。

图 8-60　完成后的效果

## 8.2　设计制作花瓣新娘视频

　　Photoshop CS6 可以通过导入外部图像序列制作缤纷的视频动画效果，为了保证视频动画的输出质量，需要使用质量较高的图像素材，要按照字母或数字顺序命名文件，如 filename 001、filename 002、filename 003 等，将需要导入的图片序列放在同一个文件夹内，这样可以通过导入序列图像文件生成视频图层。完成后的视频动画效果如图 8-61 所示。

图 8-61　视频动画效果

### 8.2.1　帧动画模式的"时间轴"面板

在 Photoshop CS6 中制作动画时，主要通过"时间轴"面板实现动画效果。执行"窗口"→"时间轴"命令，打开"时间轴"面板，在其下拉列表中选择"创建帧动画"选项 ，如图 8-62 所示。"时间轴"面板上会显示动画中帧的缩览图，使用面板底部的工具可浏览各个帧、设置循环选项、添加和删除帧以及预览动画。

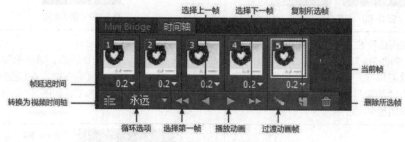

图 8-62　帧动画模式的"时间轴"面板

**操作演示——制作文字淡入淡出动画**

① 执行"文件"→"新建"命令，弹出"新建"对话框，设置各项参数，如图 8-63 所示。使用"渐变工具"创建图 8-64 所示的背景效果。

图 8-63　新建文档　　　　　　　　　　　图 8-64　填充背景色

② 使用"横排文字工具"输入图 8-65 所示的文字。选中文字，修改文字大小，如图 8-66 所示。

图 8-65　输入文字　　　　　　图 8-66　修改文字大小　　　扫码观看微课视频

③ 单击"时间轴"面板上的"创建帧动画"按钮，创建帧动画，"时间轴"面板如图 8-67 所示。单击"复制所选帧"按钮，复制一帧，"时间轴"面板如图 8-68 所示。

图 8-67　"时间轴"面板　　　　　　　图 8-68　复制帧

④ 选择第 1 帧，将"图层"面板中文字图层隐藏，如图 8-69 所示。选择第 2 帧，将"图层"面板中文字图层显示，"时间轴"面板如图 8-70 所示。

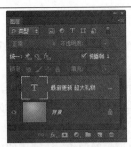
图 8-69　隐藏文字图层

图 8-70　显示文字图层

⑤ 按住【Shift】键将 2 帧选中，单击"过渡动画帧"按钮，弹出图 8-71 所示的对话框。设置为添加 30 帧，单击"确定"按钮，"时间轴"面板如图 8-72 所示。

图 8-71　设置"过渡"对话框中的参数

图 8-72　"时间轴"面板

⑥ 按住【Shift】键选择全部 32 帧，单击"复制所选帧"按钮，"时间轴"面板如图 8-73 所示。执行 面板菜单中的"反向帧"命令，如图 8-74 所示。

图 8-73　复制所选帧

图 8-74　反向帧

⑦ 返回第 1 帧，单击"播放动画"按钮，观察文字的淡入淡出效果。执行"文件"→"存储为 Web 所 用格式"，弹出图 8-75 所示的对话框。设置"循环选项"为"永远"，单击"播放动画"按钮， 测试动画，如图 8-76 所示。单击"存储"按钮，将动画保存。

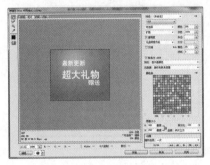
图 8-75　存储为 Web 所用格式

图 8-76　设置循环

### 8.2.2　视频图层

　　Photoshop CS6 可以编辑视频的各帧和图像序列文件，包括使用任意 Photoshop 工具在视频上进行编辑和绘制，应用滤镜、蒙版、变换、图层样式和混合模式。

　　进行编辑之后，可以将文档存储为 PSD 文件（该文件可以在其他类似于 Premiere Pro 和 After Effects 这样的 Adobe 应用程序中播放，或在其他应用程序中作为静态文件访问），也可以将文档作为 QuickTime 影片或图像序列进行渲染。

　　打开视频文件或图像序列时，Photoshop CS6 会自动创建视频图层组。该图层组的视频图层带有 ▦ 图标，而帧包含在视频图层中，如图 8-77 所示。用户可以使用画笔工具和图章工具在视频文件的各帧上进行绘制和仿制，也可以创建选区或应用蒙版以限定对帧的特定区域进行编辑。

图 8-77　视频图层

　　此外，用户还可以像编辑常规图层一样调整其混合模式、不透明度、位置和图层样式，也可以将颜色和色调调整应用于视频图层。视频图层参考的是原始文件，因此对视频图层进行编辑不会改变原始视频或图像序列文件。

 　　如果想在 Photoshop CS6 中打开视频并播放，需要在计算机系统中安装 QuickTime 软件，并且软件的版本需要在 7.1 以上，否则，将不能打开或导入视频。

**操作演示——新建空白视频图层**

① 执行"文件"→"新建"命令，弹出"新建"对话框，然后在"预设"下拉列表中选择"胶片和视频"选项，在"大小"下拉列表中选择图 8-78 所示的选项，单击"确定"按钮。

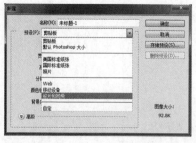

图 8-78　新建文档

② 执行"图层"→"视频图层"→"新建空白视频图层"命令，即可新建一个空白的视频图层，如图 8-79 所示。

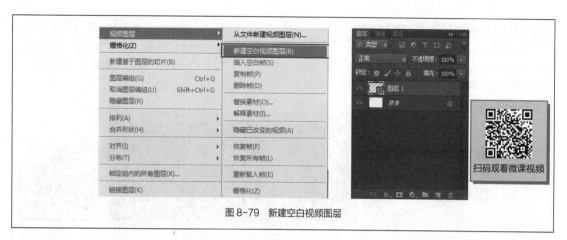

图 8-79　新建空白视频图层

　提示

在 Photoshop CS6 中，可以打开多种 QuickTime 视频格式的文件，包括：MPEG-1、MPEG-4、MOV 和 AVI。如果电脑上安装了 Adobe Flash，则可支持 QuickTime 的 FLV 格式；如果安装了 MPEG-2 编码器，则可支持 MPEG-2 格式。

### 8.2.3　视频模式的"时间轴"面板

在 Photoshop CS6 中，用户不仅可以制作帧动画，还可以利用"时间轴"面板制作复杂的视频动画，如图 8-80 所示。

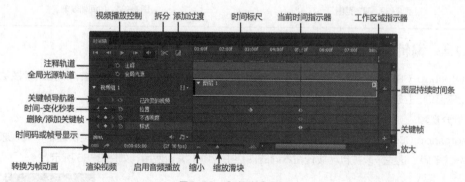

图 8-80　"时间轴"面板

"时间轴"面板上显示了文档图层的帧持续时间和动画属性。用户可以通过单击或拖曳"时间轴"面板底部的按钮或滑块，完成"转换为帧动画""渲染视频"和缩放时间条等操作。切换为洋葱皮模式、删除关键帧和预览视频。用户可以使用时间轴上的控件调整图层的帧持续时间，设置图层属性的关键帧并将视频的某一部分指定为工作区域。

　提示

"时间轴"面板显示文档中的每个图层，即除背景图层之外，只要在"图层"面板中添加、删除、重命名、复制图层或为图层分组、分配颜色，就会在"时间轴"面板中更新。

操作演示——将视频帧导入图层

① 新建 Photoshop 文档，执行"文件"→"导入"→"视频帧到图层"命令，弹出"打开"对话框，如图 8-81 所示。选择"绽放玫瑰.mov"素材文件，单击"打开"按钮，弹出"将视频导入图层"对话框，如图 8-82 所示。

扫码观看微课视频

图 8-81  "打开"对话框　　　　　　　图 8-82  将视频导入图层

② 选择"从开始到结束"选项，将会将视频完全导入；选择"仅限所选范围"选项，可以只导入视频的片段。用户可以通过使用下面的裁切控件控制导入范围，如图 8-83 所示。

③ 勾选"制作帧动画"选项，导入后会自动生成帧动画时间轴，如图 8-84 所示。取消勾选该选项，则将视频文件导入单独的图层。

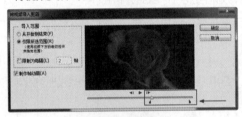

图 8-83  限制范围　　　　　　　　图 8-84  时间轴效果

### 8.2.4　编辑视频图层

Photoshop CS6 提供了很多对视频图层或图层中的视频进行编辑操作的方法，如为视频图层添加样式、为视频添加过渡效果等。

● 拆分视频

Photoshop CS6 针对视频和图像序列提供了拆分工具 ✂ 。使用这个工具可以轻松地将一段视频或图像序列拆分成多段。这些分段被自动放置在不同的图层中，以供编辑使用，如图 8-85 所示。

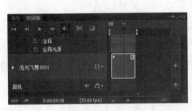

图 8-85  拆分视频

● 添加转场效果

一般的视频编辑软件都提供了丰富的过渡效果，即当一段视频结束并开始下一段视频时的效果。添加过渡效果可以使视频过渡更加自然，效果更加丰富，同时也为剪辑视频提供了更多的变化手法。

在"时间轴"面板上，单击"选择过渡效果"按钮，如图 8-86 所示。可以看到 Photoshop CS6 中包含 5 种过渡效果，如图 8-87 所示。直接按下鼠标左键，将效果拖动到视频图层上，松开鼠标左键即可完成过渡效果的添加，如图 8-88 所示。

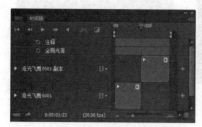

图 8-86　选择过渡效果　　　　图 8-87　5 种过渡效果　　　图 8-88　添加过渡效果

通过拖曳可以调整过渡的时间，如图 8-89 所示。也可以在过渡效果上单击鼠标右键，在弹出的"过渡效果"面板中修改过渡效果和过渡持续时间，如图 8-90 所示。

图 8-89　调整过渡时间　　　　图 8-90　"过渡效果"面板

● 添加音频

在"时间轴"面板中，单击"音轨"层上的"添加音频"按钮 ，然后在弹出的快捷菜单中选择"添加音频"命令，选择要添加的音频文件，单击"确定"按钮，音频文件就被插入"时间轴"面板，如图 8-91 所示。单击"播放"按钮，即可播放音频，再次单击"播放"按钮，可以停止音频的播放。

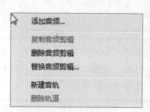

图 8-91　添加音频

单击"时间轴"面板音轨图层尾部的图标，同样也会弹出"添加音频"对话框，允许用户添加音频文件。Photoshop CS6 允许用户添加 AAC、M2A、M4A、MP2、MP3、WMA 和 WM 7 种格式的音频文件。

● 编辑音频

在"时间轴"面板中，单击"音轨"层上的"添加音频"按钮 ，在弹出的快捷菜单中可以选择"复制音频剪辑""删除音频剪辑"和"替换音频剪辑"命令对音频执行复制、删除和替换操作。当一段视频中需要多段音频的时候，用户可以通过执行"新建音轨"命令创建多个音轨，并添加不同的音频，丰富视频效果，如图 8-92 所示。执行"删除轨道"命令可以将不需要的音轨图层删除。

单击"音轨"图层尾部图标 ，或在音轨上单击鼠标右键，可以打开"音频"面板，如图 8-93 所示。用户在该面板中可以完成调整音频的音量、为音频设置淡入淡出效果、设置音频静音等操作。

图 8-92 添加多个音轨

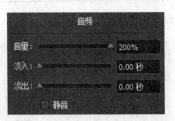
图 8-93 "音频"面板

### 8.2.5 保存和渲染视频文件

编辑视频图层后，用户可以将文档存储为 PSD 文件。该文件可以在 Premiere Pro 和 After Effects 这样的 Adobe 应用程序中播放，或在其他应用程序中作为静态文件访问。也可以将文档作为 QuickTime 影片或图像序列进行渲染。

在开始渲染输出视频文件前，首先要确认计算机系统中安装了 QuickTime7.1 以上版本。打开一个文档，执行"文件"→"导出"→"渲染视频"命令，然后在打开的"渲染设置"对话框中设置选项，在 Photoshop CS6 中可以选择输出为 MP4、MOV 和 DPX 这 3 种视频格式，可以将时间轴动画与普通图层一起导出生成视频文件。

### 8.2.6 应用案例——设计制作花瓣新娘视频

本案例将制作花瓣新娘的视频动画。首先制作花瓣图片序列，将图片序列导入 Photoshop CS6，制作视频动画，然后转换到帧动画模式并修改帧速率，获得更丰富的动画效果。

扫码观看微课视频

| STEP 01 | 打开素材图像"花瓣 015.png"，使用"橡皮擦工具"擦除底部的花瓣，效果如图 8-94 所示。 | STEP 02 | 执行"文件"→"存储为"命令，将文件保存为"花瓣 001.png"，单击"确定"按钮，如图 8-95 所示。 |
| --- | --- | --- | --- |
| 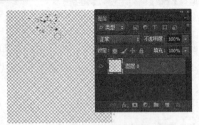图 8-94 打开素材图像 | | 图 8-95 另存文件 | |
| STEP 03 | 按组合键【Ctrl+Z】将设计文件恢复至初始状态，使用相同的方法擦除花瓣，这次比上次留的花瓣要多一点，如图 8-96 所示。 | STEP 04 | 将文件存储为"花瓣 002.png"，继续使用相同的方法，完成其他图像的制作，如图 8-97 所示。 |

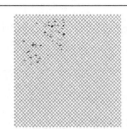

图 8-96　擦除花瓣

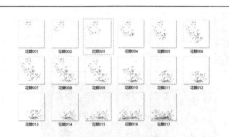

图 8-97　制作其他图像

执行"文件"→"打开"命令，在"打开"对话框中选择"花瓣 001.png"，勾选"图像序列"复选框，如图 8-98 所示。

单击"打开"按钮，设置"帧速率"对话框中各项参数，单击"确定"按钮，如图 8-99 所示。

图 8-98　打开图像序列

图 8-99　设置帧速率

单击"时间轴"面板中"创建视频时间轴"按钮，如图 8-100 所示。

单击"时间轴"面板上的"播放"按钮，播放图片序列，如图 8-101 所示。

图 8-100　创建视频时间轴

图 8-101　播放图片序列

打开素材图像"花瓣新娘.jpg"，如图 8-102 所示。

执行"文件"→"置入"命令，将花瓣图像序列置入，效果如图 8-103 所示。

图 8-102　打开素材图

图 8-103　置入图像序列

|  | 单击"时间轴"面板左下角的"转换为帧动画"按钮。在弹出的对话框中单击"继续"按钮，如图 8-104 所示。 |  | 选择"帧延迟时间"为 2.0 秒。选择循环选项为"永远"，如图 8-105 所示。 |
|---|---|---|---|
| <br>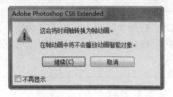<br>图 8-104 转换为帧动画 | | <br>图 8-105 设置帧属性 | |
|  | 单击"转换为视频时间轴"按钮，单击"播放"按钮，如图 8-106 所示。 |  | 播放效果如图 8-107 所示。完成视频动画的制作。 |
| <br><br>图 8-106 播放视频 | | <br>图 8-107 视频动画播放效果 | |

## 8.3　本章小结

　　本章通过制作网店三维店招和花瓣新娘视频两个应用案例，详细介绍了 Photoshop CS6 中的 3D 功能和视频动画功能。通过对本章的学习，读者应掌握创建和编辑 3D 图层的方法和技巧，能够熟练制作 GIF 动画，简单编辑视频和音频，并能将所学内容应用到实际的工作过程中。

## 8.4　课后测试

　　完成本章内容的学习后，接下来通过几道课后习题，测试一下读者的学习效果，同时加深对所学知识的理解。

### 8.4.1　选择题

（1）下列选项中不能使用凸出命令创建 3D 图层的是（　　）。

　　A. 选区　　　　　　　　B. 蒙版　　　　　　C. 路径　　　　　　　　D. 文字

（2）用户可以使用（　）工具将选择的材质直接指定给特定的 3D 模型。

　　A. 材质拖放工具　　　　B. 载入材质　　　　C. 移动工具　　　　　　D. 直接选择工具

（3）导出 3D 文件时，能存储渲染设置的格式是（　）。

　　A. DAE　　　　　　　　B. U3D　　　　　　 C. OBJ　　　　　　　　D. 3ds

（4）为了能在 Photoshop CS6 中完成视频的相关操作，需要安装（　）播放器。

　　A. QuickTime　　　　　B. 暴风影音　　　　C. Media Player　　　　D. 以上都不对

（5）（　）面板上显示了文档图层的帧持续时间和动画属性。

　　A. 时间轴　　　　　　　B. 3D　　　　　　　C. 图层　　　　　　　　D. 通道

## 8.4.2　创新题

　　根据本章所学知识，熟练使用 3D 功能，设计制作三维标题的宣传海报，海报参考效果如图 8-108 所示。

图 8-108　三维标题海报效果

# 09

# 第9章
# 滤镜的使用

在图像处理的过程中往往需要制作许多变幻万千的效果，通过使用 Photoshop CS6 中的滤镜功能可以在很短的时间完成各种效果的制作。Photoshop CS6 为用户提供了特殊滤镜、内置滤镜和外挂滤镜 3 种滤镜，组合使用不同的滤镜能够制作出丰富的图像效果。

## 9.1 制作水彩画效果

在 Photoshop CS6 中，滤镜是最受欢迎的功能之一。"滤镜"菜单下有 100 多个滤镜，无论是单独使用或是相互作用，都可以制作出有趣、新颖的艺术效果。

本案例通过使用滤镜命令制作一张水彩画效果的图像，利用滤镜与图层、滤镜与滤镜的相互影响，将一张普通的图像制作成水彩画效果，图 9-1 所示为制作水彩画效果前后的对比。

原图          水彩画

图 9-1 水彩画效果

### 9.1.1 认识滤镜

滤镜是一种用于调整聚集效果和光照效果的特殊镜头。在 Photoshop CS6 软件中滤镜是指通过分析图像中的每一个像素，用数学算法将其转换成特定的形状、颜色和亮度效果。通过滤镜强大的图像编辑功能可以制作出让人耳目一新的作品。

- 滤镜的使用方法

Photoshop CS6 中的滤镜可以应用到选区、图层蒙版、快速蒙版和通道上。通过使用滤镜，用户可以制作出更加丰富的选区或图像效果。

使用滤镜处理图层中的图像时，该图层必须是可见的。如果创建了选区，则滤镜只应用于选区内的图像，如图 9-2 所示。如果没有创建选区，则滤镜应用于当前图层，如图 9-3 所示。

图 9-2　滤镜应用于选区　　　　　　　　　　图 9-3　滤镜应用于图层

为图层蒙版使用"云彩"滤镜，效果如图 9-4 所示。为快速蒙版应用"染色玻璃"滤镜前后的效果对比如图 9-5 所示。

图 9-4　滤镜应用于图层蒙版　　　　图 9-5　为快速蒙版应用"染色玻璃"滤镜前后的对比

滤镜还可以应用到通道中，"蓝"通道未添加滤镜的显示效果和应用了"粉笔和炭笔"滤镜后的效果对比如图 9-6 所示。

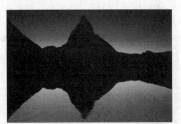

图 9-6　对"蓝"通道使用"粉笔和炭笔"滤镜前后效果对比

RGB 模式的图像可以使用全部的滤镜效果，部分滤镜不能用于 CMYK 模式的图像，索引颜色模式和位图模式的图像不能使用滤镜。如果需要对位图、索引颜色或 CMYK 模式的图像应用一些特殊滤镜，可先将其转换为 RGB 模式的图像再进行处理。

- 重复使用滤镜

在未执行滤镜命令前，"滤镜"菜单第一行显示"上次滤镜操作"命令，当执行一个滤镜命令后，在"滤镜"菜单的第一行会出现刚才使用过的滤镜命令，如图 9-7 所示。单击该选项或按组合键【Ctrl+F】可快速重复执行相同设置的滤镜命令。

 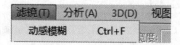

图 9-7　使用某个滤镜后"滤镜"菜单的变化

设置后，按组合键【Ctrl+Shift+F】将打开上一次执行的滤镜命令的对话框，在对话框中可以修改滤镜属性，单击"确定"按钮即可应用滤镜。

### 9.1.2　滤镜库

执行"滤镜"→"滤镜库"命令，打开"滤镜库"对话框，该对话框分为预览区、滤镜组和参数设置区3 部分，用户可以任意选择一个滤镜组和组中的任意滤镜，如图 9-8 所示。"滤镜库"中包含 6 组滤镜，单击滤镜组前的按钮或滤镜组名称，可以展开该滤镜组，单击滤镜组中的滤镜即可使用该滤镜。

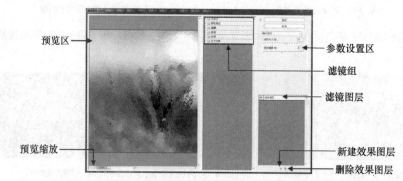

图 9-8　"滤镜库"对话框

在"滤镜库"中单击任意一个滤镜，该滤镜就会出现在对话框右下角的图层列表中，如图 9-9 所示。创建效果图层后，可以创建另一个图层进行叠加，如图 9-10 所示。

图 9-9　新建滤镜图层　　　　　　图 9-10　叠加效果图层

单击"新建效果图层"按钮，可以创建一个滤镜效果图层，创建的图层即可使用滤镜效果。选中某一滤镜效果图层，单击其他滤镜可更改当前滤镜效果图层。单击"删除效果图层"按钮，可将滤镜图层删除，同时该图层上应用的滤镜效果也会被删除。

滤镜效果图层与图层的操作方法相同，上下拖曳效果图层，可以调整它们的顺序，滤镜效果也会改变，如图 9-11 所示。

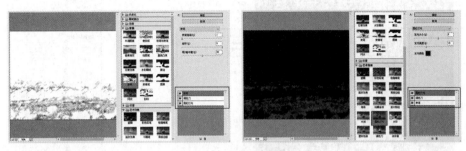

图 9-11　调整滤镜图层顺序

### 9.1.3　"油画"滤镜

用户使用 Photoshop CS6 中的"油画"滤镜，可以轻松地制作出充满质感的油画效果。执行"滤镜"→"油画"命令后，弹出"油画"对话框，如图 9-12 所示。该对话框中包含了用于定义油画效果的选项组以及一个可预览图像工作区。

图 9-12　"油画"对话框

在"油画"滤镜中通过对画笔的样式、清洁度、缩放和硬毛刷细节的设置，用户可以制作出不同质感的油画效果。

"样式化"可以设置画笔描边的样式，效果如图 9-13 所示；"清洁度"可以设置画面的清洁度，减少画面的杂点，效果如图 9-14 所示。另外设置油画滤镜的光照角度和亮度可以为图像增加更丰富的光泽感。

图 9-13　样式化效果

图 9-14　清洁度效果

### 9.1.4　"镜头校正"滤镜

"镜头校正"滤镜用于修复常见的镜头缺陷，如桶形失真、枕形失真、色差和晕影等，也可以用来旋转图像或修正由于相机竖直或水平倾斜而导致的图像透视问题。在进行变换和变形操作时，该滤镜的功能比"变换"命令更强大。"镜头校正"滤镜能以网格调整透视，使得校正图像变得更加轻松和精确。

执行"滤镜"→"镜头校正"命令，弹出镜头校正的对话框，如图 9-15 所示。单击"自定"选项卡，如图 9-16 所示。

图 9-15　镜头校正的对话框

图 9-16　"自定"选项卡

使用"镜头校正"滤镜下的工具可以手动调整图像，"移去扭曲工具"用来校正图像拍摄时产生的桶形失真和枕形失真，如图 9-17 所示。"拉直工具"可以校正倾斜的图像，如图 9-18 所示。"移动网格工具"用来移动网格，以使它与图像对齐。

图 9-17　校正桶形失真

图 9-18　拉直效果

如果需要对大量图像执行"镜头校正"操作，可以执行"文件"→"自动"→"镜头校正"命令，设置弹出的对话框中各项参数，单击"确定"按钮即可完成批量图像镜头校正操作，"镜头校正"对话框如图 9-19 所示。

图 9-19　镜头校正的对话框

在弹出的"镜头校正"对话框中，选择需要进行批量镜头校正的图像，选择合适的镜头校正配置文件，勾选需要的"校正选项"下的选项，单击"确定"按钮，然后 Photoshop CS6 就会快速而准确地完成所有图像的镜头校正工作。

### 9.1.5　"液化"滤镜

"液化"滤镜是修饰图像和创建艺术效果的强大工具。该滤镜能够非常灵活地创建推拉、扭曲、旋转和收缩等变形效果。

执行"滤镜"→"液化"命令，弹出"液化"对话框，如图 9-20 所示。对话框中包含各种变形工具，选择这些工具后，可以在对话框中的图像上按住鼠标左键拖曳光标来进行变形操作。变形效果集中在画笔区域中心，并且会随着光标在某个区域中的重复移动而得到增强。

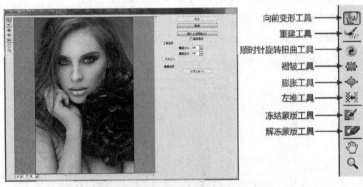

向前变形工具
重建工具
顺时针旋转扭曲工具
褶皱工具
膨胀工具
左推工具
冻结蒙版工具
解冻蒙版工具

图 9-20　"液化"对话框

**操作演示——使用"液化"滤镜制作可爱娃娃**

① 打开素材图像"娃娃.jpg"，如图 9-21 所示。执行"滤镜"→"液化"命令，将"液化"对话框打开，如图 9-22 所示。

图 9-21　打开图像　　　　　图 9-22　打开"液化"对话框

② 勾选"液化"对话框中的"高级模式"选项，单击对话框左侧选项栏中的"向前变形工具"按钮，设置选项卡中的参数如图 9-23 所示。

③ 对人物的脸部进行液化处理，完成图像效果如图 9-24 所示。

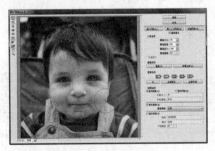 

图 9-23　设置液化参数　　　　　图 9-24　完成图像效果

扫码观看微课视频

### 9.1.6　"消失点"滤镜

"消失点"滤镜可以在包含透视平面的图像中进行透视校正，如建筑物侧面或任何矩形对象。使用消失点，可以在图像中指定透视平面，然后应用绘画、仿制、复制或粘贴和变换等编辑操作，所有的操作都采用该透视平面来处理。

使用消失点向图像中添加内容或修饰、去除图像中的内容时，Photoshop CS6 可以正确确定这些编辑操作的方向，并将复制的图像缩放到透视平面上，使效果更加逼真。

执行"滤镜"→"消失点"命令，弹出"消失点"对话框，如图 9-25 所示，对话框中包含用于定义透视平面的工具、用于编辑图像的工具以及一个可预览图像工作区。

图 9-25　"消失点"对话框

### 9.1.7　"自适应广角"滤镜

"自适应广角"滤镜主要用来修复枕形失真图像。执行"滤镜"→"自适应广角"命令，弹出"自适应广角"对话框，如图 9-26 所示。对话框中包含用于定义透视的选项组、用于编辑图像的工具以及一个可预览图像工作区和一个查看细节的预览区。

图 9-26　"自适应广角"对话框

### 9.1.8　应用案例——制作水彩画效果

本案例使用滤镜命令完成水彩画效果的制作。首先使用"色阶"和"阴影/高光"图像调整命令调整图像；接着使用"水彩油画""调色刀"和"查找边缘"滤镜命令将图像调整为水彩画效果。

扫码观看微课视频

打开素材图像"河岩.jpg"，按组合键【Ctrl+L】打开"色阶"对话框，设置参数，如图 9-27 所示。

 执行"图像"→"调整"→"阴影/高光"命令，设置阴影/高光对话框中的各项参数，如图 9-28 所示。

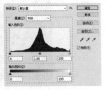
图 9-27 打开并调整图像

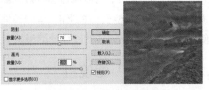
图 9-28 阴影/高光参数设置

 连续复制"背景"图层 3 次，选择"图层 1"并隐藏另外两个图层。执行"滤镜"→"滤镜库"命令，设置参数，如图 9-29 所示。

 打开"图层"面板，设置"图层 1"图层的不透明度为 80%，如图 9-30 所示。

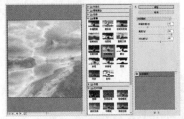
图 9-29 "水彩画纸"对话框

图 9-30 设置图层不透明度

 在打开的"图层"面板中选择并显示"图层 1 副本"图层，设置图层的"混合模式"为"柔光"，如图 9-31 所示。

 执行"滤镜"→"滤镜库"命令，选择"艺术效果"选项下的"调色刀"滤镜，如图 9-32 所示。

图 9-31 设置图层混合模式

图 9-32 "调色刀"对话框

 在打开的"图层"面板中选择并显示"图层 1 副本 2"图层，执行"滤镜"→"风格化"→"查找边缘"命令，如图 9-33 所示。

 设置"图层 1 副本 2"图层的混合模式为"正片叠底"，不透明度为 20%，完成后的效果如图 9-34 所示。

图 9-33 查找边缘效果

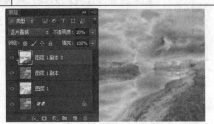
图 9-34 完成后的图像效果

## 9.2 制作绿草地电子海报

使用不同的滤镜命令，可以制作出丰富的图像效果。下面向读者介绍滤镜的使用方法和技巧，并制作一幅绿草地电子海报，图 9-35 所示为使用滤镜命令制作完成的绿草地海报效果。

图 9-35 绿草地海报效果

### 9.2.1 "渲染"滤镜组

渲染滤镜组能够在图像上创建 3D 形状贴图、云彩图案、折射图案和模拟的光反射效果。"渲染"滤镜组中包含"分层云彩""光照效果""镜头光晕""纤维"和"云彩"5 种滤镜。

- "分层云彩"滤镜

"分层云彩"滤镜可以将云彩数据和前景色颜色值混合，其与"插值"模式混合颜色的方式相同，如图 9-36 所示。

图 9-36 应用"分层云彩"滤镜效果

- "光照效果"滤镜

"光照效果"滤镜通过光源、光色选择、聚焦和定义物体反射特性在图像上产生光照效果，还可以使用灰度文件的纹理产生类似 3D 的效果。

执行该命令后，系统会打开选项面板，如图 9-37 所示。在该选项面板中进行相关设置并应用后的效果如图 9-38 所示。

图 9-37 选项面板　　　　　　图 9-38 应用"光照效果"滤镜效果

提示　　如果想要添加光照效果，只需要将光照图标拖曳到预览区域的图像上即可。需要注意的是，图像上最多可以添加 16 种光照效果。如果需要删除光照效果，可以在"光源"面板中选中光照，然后单击面板中右下角的"删除的所选内容"图标即可。

- "镜头光晕"滤镜

"镜头光晕"滤镜可模拟亮光照射到相机镜头所产生的折射现象，用来表现玻璃、金属等反射的光芒，或者用来增强日光和灯光的效果。执行该命令，打开"镜头光晕"对话框，设置相应参数，应用该滤镜后的效果如图 9-39 所示。

图 9-39　应用"镜头光晕"滤镜效果

- "纤维"滤镜

"纤维"滤镜可使前景色和背景色随机产生编织纤维的外观效果。执行该命令，打开"纤维"对话框，设置参数后单击"确定"按钮，应用该滤镜的效果如图 9-40 所示。

图 9-40　应用"纤维"滤镜效果

- "云彩"滤镜

"云彩"滤镜使用前景色和背景色之间的随机像素值在图像上生成柔和的云彩图案。它是唯一能在透明图层上产生效果的滤镜。用户在使用该滤镜前，应设定好前景色与背景色。

| 操作演示——使用"云彩"滤镜制作烟雾效果 |
| --- |

① 打开素材图像"雨伞.jpg"，单击"图层"面板底部的"创建新图层"按钮，新建"图层 1"，如图 9-41 所示。

② 执行"滤镜"→"渲染"→"云彩"命令，效果如图 9-42 所示。将"图层 1"的"混合模式"设置为"滤色"，效果如图 9-43 所示。

图 9-41　打开图像并新建图层　　图 9-42　云彩滤镜　　图 9-43　图层混合效果

③ 选择"图层 1"，单击"图层"面板底部的"添加图层蒙版"按钮，如图 9-44 所示。

④ 设置"前景色"为黑色，使用"画笔工具"在图层蒙版中涂抹，完成效果如图 9-45 所示。

扫码观看微课视频

图 9-44　添加图层蒙版　　图 9-45　图像效果

### 9.2.2 "杂色"滤镜组

杂色滤镜组用来添加或去除图像中的杂色以及带有随机分布色阶的像素，执行"滤镜"→"杂色"命令，打开子菜单，该滤镜组中包含"减少杂色""蒙尘与划痕""去斑""添加杂色"和"中间值"5 种滤镜。

- "减少杂色"滤镜

"减少杂色"滤镜可影响整个图像或单个通道，在保留像素边缘的同时减少杂色。

- "蒙尘与划痕"滤镜

"蒙尘与划痕"滤镜通过更改相异的像素来减少杂色，主要用来搜索图片中的缺陷，再进行局部模糊，并将其融入周围的像素，使用该滤镜去除扫描图像中的杂点和折痕具有非常显著的效果，如图 9-46 所示。

图 9-46  "蒙尘与划痕"对话框及图像效果

- "去斑"滤镜

"去斑"滤镜的主要作用是消除图像中的斑点。一般对扫描的图像可以使用此滤镜。该滤镜能够在不影响整体轮廓的情况下，对细小、轻微的杂点进行柔化，从而达到去除杂点的效果。执行"滤镜"→"杂色"→"去斑"命令，即可看到去斑后的图像效果，如图 9-47 所示。

图 9-47  去斑前后效果对比

"去斑"滤镜无对话框，不能对去斑程度进行参数控制。所以，在应用滤镜后，用户可以按组合键【Ctrl+F】重复使用该滤镜，以去除图像中的杂点，达到理想的效果。但是，多次使用该滤镜会使图像变得模糊。

- "添加杂色"滤镜

"添加杂色"滤镜可将随机的杂点混合到图像中，模拟高速胶片的拍照效果。

- "中间值"滤镜

"中间值"滤镜利用平均化手段重新计算分布像素，即用斑点和周围像素的中间颜色作为两者之间的像素颜色来消除干扰，从而减少图像的杂色。

对图像使用了滤镜后，一般情况下会对原图造成破坏。如果想要避免这种情况，可以选择使用智能滤镜。智能滤镜作为图层效果存储在"图层"面板中，并且可以利用智能滤镜对象中包含的原始图像数据随时重新调整。

### 9.2.3 "风格化"滤镜组

风格化滤镜组中包含 8 种滤镜，可以用来置换像素、查找边缘并提高图像的对比度，产生印象派风格的效果，图 9-48 所示为应用"风格化"滤镜的图像效果。

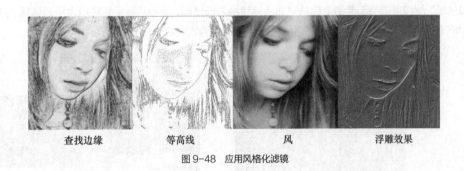

查找边缘　　　　　　等高线　　　　　　　　风　　　　　　　浮雕效果

图 9-48　应用风格化滤镜

### 9.2.4 "扭曲"滤镜组

扭曲滤镜组中包含了 9 种滤镜，用来创建各种样式的扭曲变形效果，还可以改变图像的分布（如非正常拉伸、扭曲等），使图像产生模拟水波和镜面反射等自然效果。

● "波浪"滤镜

"波浪"滤镜可以在图像上创建波状起伏的图案，生成波浪效果。打开一张图像，执行该命令后，弹出"波浪"对话框。单击"确定"按钮，多次按组合键【Ctrl+F】应用"波浪"滤镜，应用效果如图 9-49 所示。

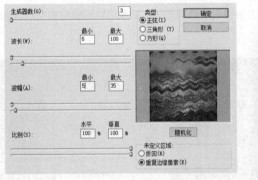

图 9-49　应用"波浪"滤镜

● "波纹"滤镜

"波纹"滤镜与"波浪"滤镜相同，可以在图像上创建波状起伏的图案，产生波纹的效果。打开图像，执行该命令，弹出"波纹"对话框，单击"确定"按钮，滤镜效果如图 9-50 所示。在"波纹"对话框中，"数量"用来控制波纹的幅度，"大小"下拉列表用来设置波纹的大小。

图 9-50　应用"波纹"滤镜

- "极坐标"滤镜

"极坐标"滤镜可以将图像的坐标从平面坐标转换为极坐标，或者从极坐标转换为平面坐标。打开一张图像，执行该命令，弹出"极坐标"对话框，应用滤镜后的效果如图 9-51 所示。

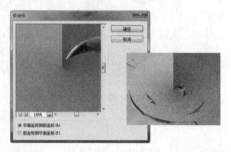

图 9-51　应用"极坐标"滤镜

- "挤压"滤镜

"挤压"滤镜可以将整个图像或选区内的图像向内或向外挤压。

- "切变"滤镜

"切变"滤镜允许用户按照自己设定的曲线来扭曲图像。执行该命令后，系统弹出"切变"对话框，如图 9-52 所示。

在曲线上可以添加控制点，通过拖曳控制点改变曲线的形状即可扭曲图像。"折回"选项用于在空白区域中填入溢出图像之外的图像内容，"重复边缘像素"选项用于在图像边界不完整的空白区域填入扭曲边缘的像素颜色，如图 9-53 所示。

图 9-52　应用"切变"滤镜　　　图 9-53　"折回"和"重复边缘像素"效果

- "球面化"滤镜

"球面化"滤镜可以产生将图像包裹在球面上的效果。

- "水波"滤镜

"水波"滤镜可以模拟水池中的波纹，类似水池中的涟漪效果。打开一张图像，使用"椭圆选框工具"

创建选区，选择"水波"滤镜后，弹出对话框，如图 9-54 所示。

图 9-54　应用"水波"滤镜

- "旋转扭曲"滤镜

"旋转扭曲"滤镜可以使图像产生旋转的风轮效果。旋转会围绕图像中心进行，且中心旋转的程度比边缘大。打开一张图像，执行该命令，弹出对话框，如图 9-55 所示。

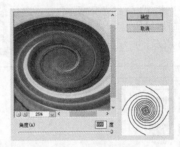

图 9-55　应用"旋转钮曲"滤镜

### 9.2.5　应用案例——制作绿草地电子海报

　　本案例使用"渲染"滤镜和"杂色"滤镜完成绿草地效果的创建，使用"横排文字工具"为海报添加文字信息的内容，突出海报主题，添加素材来丰富图像后，完成绿草地电子海报的制作。

扫码观看微课视频

 执行"文件"→"新建"命令，设置"新建"对话框中各项参数，如图 9-56 所示。

 设置前景色为黑色，背景色为白色，执行"滤镜"→"渲染"→"云彩"命令，如图 9-57 所示。

图 9-56　新建文件

图 9-57　"云彩"滤镜

| | | | |
|---|---|---|---|
|  | 执行"滤镜"→"杂色"→"添加杂色"命令，设置对话框中参数，如图9-58所示。 |  | 执行"滤镜"→"模糊"→"高斯模糊"命令，设置对话框中参数，如图9-59所示。 |

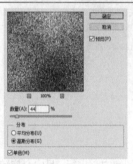

图9-58　添加杂色参数设置

图9-59　高斯模糊参数设置

| | | | |
|---|---|---|---|
|  | 执行"滤镜"→"滤镜库"命令，选择"画笔描边"→"喷溅"，如图9-60所示。 |  | 执行"图像"→"调整"→"色相/饱和度"命令，设置各项参数。执行"滤镜"→"滤镜库"命令，选择"艺术效果"选项下的"调色刀"滤镜，如图9-61所示。 |

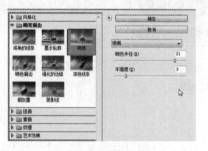

图9-60　喷溅参数设置

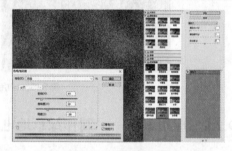

图9-61　调色并应用滤镜

| | | | |
|---|---|---|---|
|  | 创建一个纯色填充图层，在打开的"拾色器（纯色）"对话框中设置参数，如图9-62所示。 |  | 执行"滤镜"→"杂色"→"添加杂色"命令，设置"添加杂色"对话框中的参数，如图9-63所示。 |

图9-62　设置颜色

图9-63　添加杂色

| | | | |
|---|---|---|---|
|  | 执行"滤镜"→"风格化"→"风"命令，设置"风"对话框中参数，如图9-64所示。执行"图像"→"图像旋转"→"90（顺时针）度"命令。 |  | 执行"滤镜"→"风格化"→"风"命令，添加风滤镜，逆时针旋转画布，如图9-65所示。 |

图 9-64　"风"对话框

图 9-65　图像效果（1）

STEP 11　执行"图像"→"调整"→"色阶"命令，设置"色阶"对话框中的参数，如图 9-66 所示。

STEP 12　设置"字符"面板中各项参数，使用"横排文字工具"输入图 9-67 所示的文字。

图 9-66　"色阶"对话框

图 9-67　设置字符参数、输入文字

STEP 13　将文字转换为智能对象，执行"滤镜"→"杂色"→"添加杂色"命令。设置各项参数，如图 9-68 所示。

STEP 14　双击文字图层，为文字图层添加"内阴影"的图层样式，设置各项参数，如图 9-69 所示。

图 9-68　添加杂色参数设置

图 9-69　"内阴影"参数

STEP 15　按组合键【Ctrl+Alt+Shift+E】盖印图层，得到"图层 1"图层。为"图层 1"添加图层蒙版，隐藏其他图层，如图 9-70 所示。

STEP 16　选择"画笔工具"并选择"干画笔"笔刷，降低画笔的不透明度，在画布中涂抹，如图 9-71 所示。

图 9-70　盖印图层

图 9-71　涂抹画布

|  | 将素材图像"足球.png"和"自行车.png"，拖入设计文档，调整大小和位置，如图 9-72 所示。 |  | 设置"字符"面板中的各项参数，使用"横排文字工具"输入图 9-73 所示的文字。 |
|---|---|---|---|
| 　图 9-72　添加素材图像 | | 　图 9-73　输入文字 | |
|  | 执行"滤镜"→"渲染"→"光照效果"命令，设置"属性"面板中参数，如图 9-74 所示。 |  | 调整光源，单击选项栏上的"确定"按钮，确认添加光照效果的操作。完成后的图像效果如图 9-75 所示。 |
| 　图 9-74　光照效果 | | 　图 9-75　图像效果（2） | |

# 9.3　制作大雪效果

本案例通过使用"点状化"滤镜制作大雪效果。"点状化"滤镜将图像中的颜色分散为随机分布的网点，使图像产生点状化的效果。而图像将作为网点之间的画布区域，使大雪效果显得更加逼真，如图 9-76 所示。

图 9-76　图像效果

## 9.3.1　"像素化"滤镜组

"像素化"滤镜组中包含 7 种滤镜，它们可以将图像分块或平面化，然后重新组合，创建出彩块、点状、晶块和马赛克等特殊效果。

- "彩块化"滤镜

"彩块化"滤镜会在保持原有图像轮廓的前提下，使纯色或颜色相近的像素结成像素块。用该滤镜处理扫描图像，可以产生手绘的效果，也可以使现实主义图像产生类似抽象派的绘画效果，应用"彩块化"滤镜的效果如图 9-77 所示。

- "彩色半调"滤镜

"彩色半调"滤镜可以使图像变为网点状效果。它可以将图像的每一个通道划分成矩形区域，再以矩形区域中亮度成比例的圆形替代这些矩形。圆形的大小与矩形的亮度成比例，高光部分生成的网点较小，阴影部分生成的网点较大，图 9-78 所示为图像应用"彩色半调"滤镜的效果。

图 9-77 应用"彩块化"滤镜效果

- "晶格化"滤镜

"晶格化"滤镜可以使图像中相近的像素集中到多边形色块中，产生类似结晶的颗粒效果，图 9-79 所示为应用"晶格化"滤镜的对话框。

图 9-78 应用"彩色半调"滤镜效果　　图 9-79 应用"晶格化"滤镜的对话框

- "点状化"滤镜

"点状化"滤镜可以将图像中的颜色分散为随机分布的网点，产生点状化绘画效果，并使用背景色作为网点之间的画布区域。

- "马赛克"滤镜

"马赛克"滤镜将具有相似色彩的像素合成规则排列的方块，产生马赛克的效果，图 9-80 所示为应用"马赛克"滤镜的对话框。

- "铜版雕刻"滤镜

"铜版雕刻"滤镜可以在图像中随机生成各种不规则的直线、曲线和斑点，使图像产生年代久远的金属板效果，图 9-81 所示为应用"铜版雕刻"滤镜的对话框。

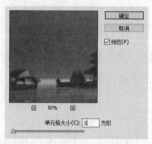

图 9-80　应用"马赛克"滤镜的对话框　　　　图 9-81　应用"铜版雕刻"滤镜的对话框

### 9.3.2　"模糊"滤镜组

模糊滤镜组中包含了 14 种滤镜，它们可以降低图像中相邻像素的对比度并柔化图像，使图像产生模糊的效果。

- "场景模糊"滤镜

"场景模糊"滤镜可以在图像中应用一致模糊或渐变模糊，从而使画面产生一定的景深效果。执行"滤镜"→"模糊"→"场景模糊"命令，弹出图 9-82 所示的选项面板。

- "光圈模糊"滤镜

"光圈模糊"滤镜不同于"场景模糊"滤镜之处在于："场景模糊"滤镜定义了图像中多个点之间的平滑模糊，而"光圈模糊"滤镜则定义了一个椭圆形区域内模糊效果从一个聚焦点向四周递增的规则。执行"滤镜"→"模糊"→"光圈模糊"命令，弹出选项面板，如图 9-83 所示。

图 9-82　应用"场景模糊"滤镜　　　　　　　图 9-83　选项面板

- "倾斜偏移"滤镜

"倾斜偏移"滤镜可以在图像中创建焦点带，以获得带状的模糊效果，图 9-84 所示为图像应用"倾斜偏移"模糊滤镜的效果。与其他命令不同，执行"场景模糊""光圈模糊"和"倾斜偏移"命令后不会弹出对话框，而是在界面右侧弹出两个选项面板，并在界面上方给出一个选项栏。

- "表面模糊"滤镜

"表面模糊"滤镜能够在保留边缘的同时模糊图像，该滤镜可以用来创建特殊效果并消除杂色或颗粒，图 9-85 所示为应用了"表面模糊"滤镜的效果。

图 9-84　倾斜偏移　　　　　　　　　　　图 9-85　表面模糊

- "动感模糊"滤镜

"动感模糊"滤镜可以根据制作效果的需要沿指定方向以指定
的强度模糊图像，形成残影效果。"角度"用来设置模糊的方向。
用户可输入角度值，也可以拖曳指针调整角度。"距离"用来设置
像素移动的距离。

- "方框模糊"滤镜

"方框模糊"滤镜是基于相邻像素的平均颜色来模糊图像。"方
框模糊"对话框中的"半径"可以调整用于计算给定像素的平均值
的区域大小，图 9-86 所示为应用"方框模糊"滤镜的对话框。

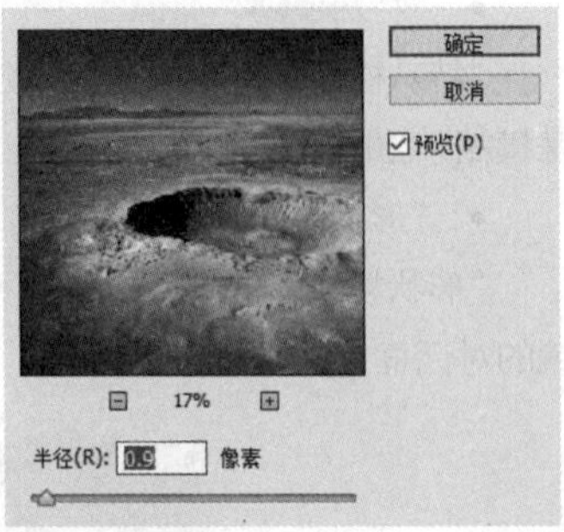

图 9-86 应用"方框模糊"滤镜的对话框

- "高斯模糊"滤镜

"高斯模糊"滤镜可以为图像添加细节，使图像产生一种朦胧效果。"高斯模糊"对话框中的"半径"用来
设置模糊的范围，以像素为单位，设置的数值越高，模糊的效果越强烈，图 9-87 所示为应用"高斯模糊"滤镜
的对话框。

- "径向模糊"滤镜

"径向模糊"滤镜可以模拟缩放或旋转相机所产生的模糊效果。执行该命令后，系统会弹出应用"径向
模糊"滤镜的对话框，如图 9-88 所示。"数量"用来设置模糊的强度，数值越大，模糊效果越强烈。"模
糊方法"选择"旋转"时，图像会沿同心圆环线产生选择的模糊效果；选择"缩放"时，图像会产生放射
状的模糊效果。

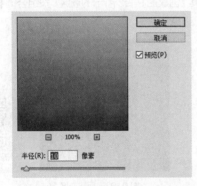

图 9-87 应用"高斯模糊"滤镜的对话框

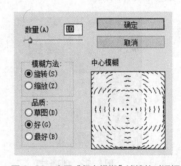

图 9-88 应用"径向模糊"滤镜的对话框

- "模糊"滤镜和"进一步模糊"滤镜

"模糊"滤镜和"进一步模糊"滤镜都可以对图像边缘
过于清晰，对比度过于强烈的区域进行光滑的处理，使图像
产生模糊的效果，但它们所产生的模糊程度不同。"进一步
模糊"滤镜所产生的模糊效果是"模糊"滤镜的 3 倍。

- "镜头模糊"滤镜

"镜头模糊"滤镜通过图像的 Alpha 通道或图层蒙
版的深度值来映射图像中像素的位置，产生带有镜头景
深的模糊效果，图 9-89 所示为应用"镜头模糊"滤镜的
对话框。

- "平均模糊"滤镜

图 9-89 应用"镜头模糊"滤镜的对话框

"平均模糊"滤镜可以查找图像的平均颜色，然后以该颜色填充图像，创建出平滑的外观。

- "特殊模糊"滤镜

"特殊模糊"滤镜提供了半径、阈值和模糊品质等选项，可以精确地模糊图像，图 9-90 所示为应用"特殊模糊"滤镜的对话框。

- "形状模糊"滤镜

"形状模糊"滤镜可以使用指定的形状创建特殊的模糊效果，图 9-91 所示为应用"形状模糊"滤镜的对话框。

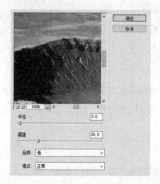 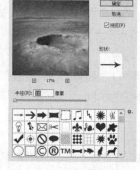

图 9-90　应用"特殊模糊"滤镜的对话框　　图 9-91　应用"形状模糊"滤镜的对话框

---

**操作演示——使用"动感模糊"滤镜**

① 打开素材图像"小黄车.jpg"，使用"快速选择工具"创建图 9-92 所示的选区。按组合键【Ctrl+Shift+I】反选选区，如图 9-93 所示。

扫码观看微课视频

图 9-92　创建选框　　　　　　　图 9-93　反选选区

② 执行"滤镜"→"模糊"→"动感模糊"命令，打开"动感模糊"对话框，设置参数，如图 9-94 所示。单击"确定"按钮，按组合键【Ctrl+D】取消选区，如图 9-95 所示。

图 9-94　"动感模糊"对话框　　　　图 9-95　图像效果

### 9.3.3　"锐化"滤镜组

锐化滤镜组通过提高相邻像素间的对比度来聚焦模糊的图像，使图像变得清晰。锐化滤镜组中共包含"USM 锐化""锐化""进一步锐化""锐化边缘"和"智能锐化"5 种滤镜。

- "USM 锐化"滤镜

"USM 锐化"滤镜可以查找图像中颜色发生明显变化的区域，然后将该区域锐化。打开一张图像，选择"USM 锐化"滤镜，弹出应用"USM 锐化"滤镜的对话框，如图 9-96 所示。"数量"用来设置锐化效果的强度，该值越大，锐化效果越明显。"半径"用来设置锐化的范围。

图 9-96　应用"USM 锐化"滤镜的对话框

- "锐化"滤镜

"锐化"滤镜通过提高像素间的对比度使图像变得清晰，一般情况下锐化效果不是很明显，可以多次使用。

- "进一步锐化"滤镜

"进一步锐化"滤镜用来设置图像的聚焦选区并提高其清晰度以达到锐化效果。应用"进一步锐化"滤镜比"锐化"滤镜的效果更强烈些，相当于用了两三次"锐化"滤镜的效果。"锐化"和"进一步锐化"命令都没有对话框，图 9-97 所示为应用"锐化"滤镜和"进一步锐化"滤镜的效果对比。

图 9-97　应用"锐化"滤镜和"进一步锐化"滤镜

- "锐化边缘"滤镜

"锐化边缘"滤镜与"USM 锐化"滤镜一样，都可以查找图像中颜色发生明显变化的区域，然后将其锐化。"锐化边缘"滤镜只锐化图像的边缘，同时保留总体的平滑度，该命令无对话框。

- "智能锐化"滤镜

"智能锐化"滤镜具有"USM 锐化"滤镜不具备的锐化控制功能。通过该功能，用户可设置锐化算法或控制阴影和高光区域中的锐化量。"智能锐化"对话框如图 9-98 所示。

### 9.3.4　"视频"滤镜组

"视频"滤镜组中的滤镜用来解决视频图像交换时系

图 9-98　"智能锐化"对话框

统有差异的问题，使用它们可以处理从以隔行扫描方式工作的设备中提取的图像。

- "NTSC 颜色"滤镜

"NTSC 颜色"滤镜匹配图像色域至适合 NTSC 视频标准色域，使图像可以被电视接收，它的实际色彩范围比 RGB 图像小。如果一个 RGB 图像能够用于视频或多媒体，可以使用该滤镜将由于饱和度过高而无法正确显示的色彩转换为 NTSC 系统可以显示的色彩。

- "逐行"滤镜

"逐行"滤镜可以消除图像中的差异交错线，使在视频上捕捉的运动图像变得平滑，应用该命令时，系统会打开"逐行"对话框。

### 9.3.5 "外挂"滤镜

用户除了可以使用 Photoshop CS6 自带的滤镜之外，还允许安装使用其他厂商提供的滤镜。这些从外部装入的滤镜，被称为"外挂"滤镜。

如果"外挂"滤镜本身带有安装程序，可以双击安装程序文件，根据提示进行安装。

如果"外挂"滤镜本身不带有安装程序，只是一些滤镜文件，需要手动将其复制到 Photoshop CS6 安装目录下的 Plug-ins 文件夹中。也可执行"编辑"→"首选项"→"增效工具"命令，在弹出的"首选项"对话框中勾选"附加的增效工具文件夹"选项，在打开的对话框中选择安装"外挂"滤镜的文件夹即可。

### 9.3.6 应用案例——制作大雪效果

本案例使用"像素化"滤镜、阈值和滤色的混合模式完成将图像碎片化的操作，并使用"动感模糊"滤镜和"USM 锐化"滤镜，使碎片化图像效果成功转换为风雪交加的图像效果。

扫码观看微课视频

 执行"文件"→"打开"命令，打开素材图像"雪中.jpg"，复制"背景"图层，得到"背景 副本"图层，如图 9-99 所示。

 执行"滤镜"→"像素化"→"点状化"命令，设置"点状化"对话框中各项参数，如图 9-100 所示。

图 9-99　打开并复制图像

图 9-100　"点状化"对话框

 执行"图像"→"调整"→"阈值"命令，设置"阈值"对话框中各项参数，如图 9-101 所示。

 在打开的"图层"面板中，设置"背景 副本"图层的混合模式为"滤色"，如图 9-102 所示。

图 9-101　"阈值"对话框

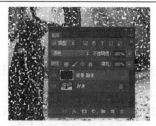

图 9-102　设置混合模式

执行"滤镜"→"模糊"→"动感模糊"命令，设置弹出的对话框中参数，如图 9-103 所示。

单击图层面板中的"添加图层蒙版"按钮，为"背景 副本"图层添加图层蒙版，如图 9-104 所示。

图 9-103　"动感模糊"滤镜参数设置

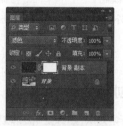

图 9-104　添加图层蒙版

设置前景色为黑色，使用"画笔工具"在蒙版中人物身体位置轻微地涂抹，如图 9-105 所示。

盖印图层，执行"滤镜"→"锐化"→"USM 锐化"命令，在弹出的对话框中设置参数，如图 9-106 所示。

图 9-105　涂抹人物

图 9-106　"USM 锐化"对话框

## 9.4　本章小结

　　本章介绍了滤镜的相关知识，并通过 3 个应用案例，让用户进一步地将知识点融会贯通。通过对本章知识点的学习，读者应熟练掌握滤镜的相关知识，并运用到实际的学习和工作中。

## 9.5　课后测试

　　完成本章内容的学习后，接下来通过几道课后习题，测试一下读者的学习效果，同时加深对所学知识的理解。

### 9.5.1　选择题

（1）使用滤镜处理图层中的图像时，该图层必须是（　　）。

　　A. 可见的　　　　　　　　B. 蒙版　　　　　　　　C. 路径　　　　　　　　D. 文字

（2）重复使用同一个滤镜的组合键是（　　）。

　　A. 【Ctrl+F】　　　　　　B. 【Ctrl+Alt+F】　　　C. 【Alt+F】　　　　　　D. 【Enter】

（3）（　　）滤镜组通过提高相邻像素间的对比度来聚焦模糊的图像，使图像变得清晰。

　　A. 锐化　　　　　　　　　B. 渲染　　　　　　　　C. 杂色　　　　　　　　D. 像素化

（4）（　　）滤镜可以为图像添加细节，使图像产生一种朦胧效果。

　　A. 高斯模糊　　　　　　　B. 径向模糊　　　　　　C. 方框模糊　　　　　　D. 动感模糊

（5）如果"外挂"滤镜本身不带有安装程序，只有一些滤镜文件，需要手动将其复制到 Photoshop CS6 安装目录下的（　　）文件夹中。

　　A. Plug-ins　　　　　　　B. CIT　　　　　　　　　C. AMT　　　　　　　　　D. Presets

### 9.5.2　创新题

根据本章所学知识，熟练使用滤镜功能对照片中的人物进行磨皮操作，图像参考效果如图 9-107 所示。

图 9-107　图像磨皮操作前后对比效果

# 10

# 第10章
# Web 图形、输出和打印

在 Photoshop CS6 中完成设计工作以后，通常要将设计文档保存并输出，用户可以根据需求选择不同的输出方法。本章将对 Web 图形切片输出和图像打印进行讲解，帮助读者掌握 Photoshop CS6 中图像的输出方法和技巧。

## 10.1 为网页创建切片

使用 Photoshop CS6 完成网页设计后，为了将图片素材提供给开发人员使用，通常要将设计稿切割输出。首先使用切片工具对网页上不同的图片进行切割，然后再选中一种最优的格式输出，这是网页设计中一项重要的工作。为网页创建切片的效果如图 10-1 所示。

通过优化切片可以对分割的图像进行不同程度的压缩，以缩短图像的下载时间。还可以为切片制作动画，链接到 URL 地址，或者使用切片制作翻转按钮。

图 10-1　为网页创建切片

### 10.1.1 切片的类型

Photoshop CS6 的切片类型根据其创建方法的不同而不同，常见的有 3 种：用户切片、自动切片和基于图层的切片。

在 Photoshop CS6 中，使用"切片工具"创建的切片被称为用户切片。创建新的用户切片或基于图层的切片时，会生成附加的自动切片来占据图像的其余区域的切片被称为"自动切片"。通过图层创建的切片被称为基于图层的切片。

用户切片和基于图层的切片由实线定义，而自动切片则由虚线定义。基于图层的切片包括图层中的所有像素数据。如果移动图层或编辑图层内容，切片区域将自动调整，切片也随着像素的大小的变化而变化。3 种切片效果如图 10-2 所示。

图 10-2　3 种切片效果

## 10.1.2　使用切片工具创建切片

了解了切片的类型后，接下来学习使用切片工具创建切片的方法。单击工具箱中的"切片工具"按钮，其选项栏如图 10-3 所示。

图 10-3　切片工具选项栏

在"样式"选项列表中选择"正常"样式，通过按下鼠标左键拖曳创建切片并确定切片的大小。选择"固定长宽比"样式，输入切片的宽度和高度，可以创建固定尺寸的切片。单击"基于参考线的切片"按钮，将根据图像上的参考线创建切片。

---

**操作演示——使用切片工具创建切片**

① 打开素材图像"17103.jpg"，效果如图 10-4 所示。选择"切片工具"，在图像上按住鼠标左键拖曳创建一个图 10-5 所示的切片。

图 10-4　打开素材图像

图 10-5　创建切片

扫码观看微课视频

② 按住【Shift】键拖曳可以创建正方形切片，如图 10-6 所示。按住【Alt】键拖曳可以从中心向外创建切片，如图 10-7 所示。

图 10-6　创建矩形切片

图 10-7　从中心向外创建切片

### 10.1.3　基于参考线创建切片

选择"切片工具"，单击选项栏中的"基于参考线的切片"按钮，以图像上参考线为基准创建切片，如图 10-8 所示。这种方法可以方便快捷地将切片定位到指定参考线的边缘，提高工作效率。

图 10-8　基于参考线创建切片

### 10.1.4　基于图层创建切片

在实际的网页设计工作中，不同的网页元素常常要单独放置在独立的图层中。执行"图层"→"新建基于图层的切片"命令可以轻松地为这些单独的图层创建切片。

扫码观看微课视频

| 操作演示——基于图层创建切片 |
| --- |

① 将素材图像"素材 17501.psd"打开，效果如图 10-9 所示。选择"图层 1"，执行"图层"→"新建基于图层的切片"命令，即可创建图 10-10 所示的切片。

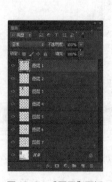

图 10-9　"图层"面板

图 10-10　创建切片后的效果

② 移动图层内容时，切片会随图层内容一起移动，如图 10-11 所示。编辑图层内容时，切片也会随着图层内容的变化而自动调整，如图 10-12 所示。使用相同方法为其他图层创建切片，效果如图 10-13 所示。

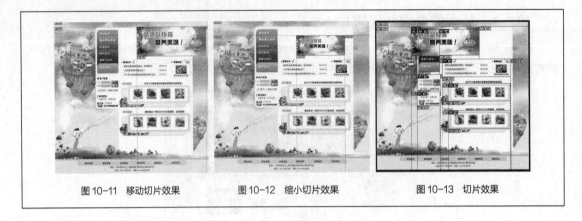

图 10-11　移动切片效果　　　　图 10-12　缩小切片效果　　　　图 10-13　切片效果

## 10.1.5　编辑切片

在 Photoshop CS6 中，创建切片后可以对其进行编辑修改。在切片选择工具选项栏中一共提供了"调整切片堆叠顺序""提升""划分""对齐与分布""隐藏自动切片""设置切片选项"6 种选项，可以对切片进行选择、移动与调整等多种操作，如图 10-14 所示。

调整切片堆叠顺序　　　　提升　　划分　　　　　　对齐与分布　　　　　　隐藏自动切片　　设置切片选项

图 10-14　切片选择工具选项栏

- 选择、移动和调整切片

创建切片时难免会有误差。遇到这种情况时，就要对切片进行选择、移动或调整切片大小等操作。在工具箱中单击"切片选择工具"按钮，单击选项栏中的"提升"按钮，可以将所选择的自动切片或基于图层的切片转换为用户切片，如图 10-15 所示。

图 10-15　将自动切片转换为用户切片

选中一个切片，单击"划分"按钮，弹出"划分切片"对话框，如图 10-16 所示。通过设置参数，可以将选中的切片在水平或竖直方向上分割。

选择两个以上的切片，可以通过单击选项栏上"对齐与分布"按钮对齐切片。选择 3 个以上的切片，可以通过单击选项栏上"对齐与分布"按钮排布切片。这些按钮的使用方法与对齐和排布图层的按钮相同。单击"隐藏自动切片"按钮即可将自动切片隐藏，如图 10-17 所示。

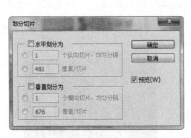

图 10-16 "划分切片"对话框

图 10-17 隐藏自动切片

- 设置切片选项

单击"为当前切片设置选项"按钮,弹出"切片选项"对话框,如图 10-18 所示。在该对话框中,用户可以设置切片的名称、类型并指定 URL 地址。

- 转换为用户切片

基于图层的切片与图层的像素内容相关联,因此,移动切片、组合切片、划分切片、调整切片大小和对齐切片的唯一方法是编辑相应的图层,除非将该切片转换为用户切片。

图像中的所有自动切片都连接在一起并共享相同的优化设置。如果用户要对自动切片进行不同的优化设置,则必须将自动切片提升为用户切片。

图 10-18 "切片选项"对话框

使用"切片选择工具"选择要转换的切片,单击选项栏中的"提升"按钮,即可将选中的切片转换为用户切片,如图 10-19 所示。

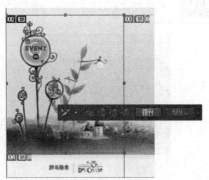

图 10-19 提升切片

## 10.1.6 应用案例——为网页创建切片

本案例使用 Photoshop CS6 的"切片工具"完成矩形切片的创建,并通过"切片选择工具"中的"划分"按钮将矩形切片划分为几份,快速完成网页切片的创建。

扫码观看微课视频

打开素材图像"绿色网站.jpg"，图形效果如图 10-20 所示。

 选择"切片工具"，在图像中按住鼠标左键拖曳创建一个矩形切片，如图 10-21 所示。

图 10-20　打开图像

图 10-21　创建切片

 选择"切片选择工具"，单击选项栏上的"划分"按钮，设置"划分切片"对话框中各项参数，如图 10-22 所示。

 单击"确定"按钮，将切片划分为 4 份。使用"切片选择工具"调整切片大小，如图 10-23 所示。

图 10-22　"划分切片"对话框

图 10-23　调整切片到合适大小

 使用"切片工具"在图像中间创建切片，如图 10-24 所示。单击选项栏中的"划分"按钮。

 设置弹出的"划分切片"对话框中各项参数，单击"确定"按钮并拖动调整切片大小，如图 10-25 所示。

图 10-24　创建切片

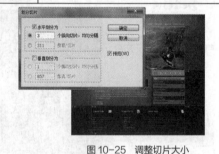

图 10-25　调整切片大小

## 10.2　为切片添加超链接

在浏览器中单击网页中的图像或按钮，即可链接到为此图像或按钮设定的网址或文件。在 Photoshop CS6 中，可以通过为切片添加超链接，实现在不同页面间跳转的超链接效果，图 10-26 所示为添加了超链接的页面效果。

## 10.2.1 Web 安全颜色

颜色是网页的重要信息，用户在电脑屏幕上看到的颜色却不一定都能够在其他系统的 Web 浏览器中以同样的效果显示。为了使 Web 图形的颜色能够以相同的效果在所有显示器上显示，制作网页时，应尽可能地使用网页安全色。

图 10-26　超链接页面效果

"网页安全色"是在不同硬件环境、不同操作系统、不同浏览器中都能够正常显示的色彩集合。在设计网页作品的时候应尽量使用网页安全色，这样才不会让浏览者看到的效果与设计时的相差太多，否则可能会出现浏览者看到的网页与原稿偏差很严重的情况。

网页安全色是当红色（Red）、绿色（Green）、蓝色（Blue）数字信号值（DAC Count）为 0、51、102、153、204、255 时构成的颜色组合，它一共有 6×6×6=216 种颜色（其中彩色为 210 种，非彩色为 6 种），网页安全颜色色板如图 10-27 所示。

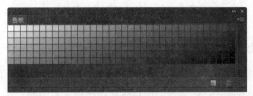

图 10-27　网页安全颜色色板

在设置颜色时，也可以选择"颜色"面板菜单中的"Web 颜色滑块"选项，如图 10-28 所示，以始终在网页安全色模式下工作，"拾色器"对话框如图 10-29 所示。

图 10-28　"颜色"面板

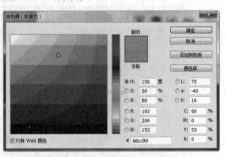

图 10-29　"拾色器"对话框

在"颜色"面板或"拾色器"对话框中调整颜色时，如果出现警告图标，则表示该颜色已经超出了 CMYK 颜色范围，不能被正确印刷，如图 10-30 所示。单击该图标，可将当前颜色替换为与其最为接近的 CMYK 颜色，如图 10-31 所示。

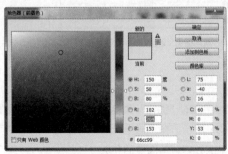

图 10-30　出现警告图标

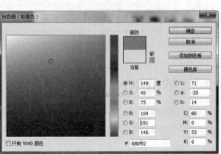

图 10-31　替换当前颜色

勾选"拾色器"对话框底部的"只有 Web 颜色"选项，如图 10-32 所示。此时选择的颜色即为网页安全色，几乎能够被所有浏览器正确显示。

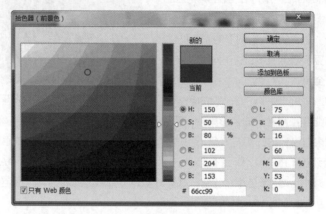

图 10-32　勾选"只有 Web 颜色"

## 10.2.2　优化 Web 图像

创建切片后，需要对图像进行优化处理，以减小文件的体积。在 Web 上发布图像时，较小的文件可以使 Web 服务器更加高效地存储和传输图像，用户能够更快地下载图像。

执行"文件"→"存储为 Web 所用格式"命令，弹出"存储为 Web 所用格式"对话框，如图 10-33 所示。用户使用该对话框中的优化功能可以对图像进行优化和输出。

图 10-33　"存储为 Web 所用格式"对话框

## 10.2.3　输出 Web 图像

优化 Web 图像后，在"存储为 Web 所用格式"对话框的"优化"菜单中选择"编辑输出设置"，如图 10-34 所示，弹出"输出设置"对话框，如图 10-35 所示。在"输出设置"对话框中，用户可以控制 HTML 文件的格式、命名文件和切片和在存储优化图像时处理背景图像的参数。

图 10-34 选择"编辑输出设置"

图 10-35 "输出设置"对话框

如果要使用预设的输出选项，可以在"设置"选项的下拉菜单中选择一个选项。如果要自定义输出的选项，可以在弹出的下拉菜单中选择"HTML""切片""背景"或"存储文件"，如图 10-36 所示。例如，如果选择"背景"选项，则"输出设置"对话框中会显示详细的设置选项，如图 10-37 所示。

图 10-36 自定义输出选项

图 10-37 选择"背景"选项

### 10.2.4 应用案例——为切片添加超链接

本案例使用切片工具为网页创建切片，使用切片选择工具的"切片选项"为该切片添加超链接。设置完成后，将图片存储为 HTML 网页格式，用户可以使用浏览器打开网页查看超链接的效果。

扫码观看微课视频

STEP 01

打开素材图像"北建设计.psd"，执行"视图"→"对齐到"→"切片"命令，使用"切片工具"在图像中创建一个矩形切片，如图 10-38 所示。

图 10-38 创建切片

**STEP 02** 选择"切片选择工具"，双击切片，在"切片选项"对话框中为切片命名并设置其 URL 链接地址，如图 10-39 所示。

**STEP 03** 使用同样的方法，创建其他切片并设置链接地址，如图 10-40 所示。

图 10-39　切片选项

图 10-40　设置链接地址

**STEP 04** 执行"文件"→"存储为 Web 所用格式"命令，单击"存储"按钮，将文件保存为"北建设计.html"，如图 10-41 所示。

**STEP 05** 在存储位置找到存储的网页文件，双击该文件，可以在打开的浏览器中查看浏览效果，如图 10-42 所示。

图 10-41　存储 HTML 文件

图 10-42　查看浏览效果

## 10.3　图像打印

完成图像的编辑与制作后，为了方便查看作品的最终效果，可以直接在 Photoshop CS6 中完成最终结果的打印与输出。开始打印前，用户需要将打印机与计算机连接，并安装打印机驱动程序，使打印机能正常运行。

- 打印

打印是将图像发送到图像输出设备上的过程。执行"文件"→"打印"命令，在弹出的"Photoshop 打印设置"对话框中单击"打印设置"按钮，弹出打印机属性对

图 10-43　打印机属性设置

话框，如图 10-43 所示。在该对话框中，"主要"选项卡下有多个选项，在此可以对相应的选项进行设置。

在"介质类型"下拉列表中有多种纸张类型，用户可根据需要选择相应的纸张类型。在"纸张来源"

下拉列表中选择一种进纸方式，一般为"自动供纸器"。

在"打印质量"下有多种选择，可自行选择打印时的图像质量。选中"高"选项，打印出的图像质量最好，但是在打印的过程中打印速度最慢，而且用墨量最大。"标准"选项为默认打印质量选项，此方式打印出的图像质量一般，但是在打印的过程中速度最快，用墨量最少。

选中"灰度打印"选项，在打印时会输出非彩色图像。选中"打印前预览"选项，可以预览打印前的图像效果。

● 设置页面

为了精确地打印图像，用户除了要确认打印机正常工作以外，还要根据需要在 Photoshop CS6 中进行页面设置。

执行"文件"→"打印"命令，单击"Photoshop 打印设置"对话框中的"打印设置"按钮，弹出打印机属性对话框，选择"页设置"选项卡，如图 10-44 所示。在此对话框中，用户可以设置页尺寸、打印方向和页面布局等选项。

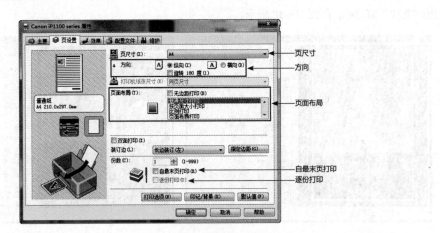

图 10-44　打印机属性对话框

"页尺寸"的下拉列表框中提供了默认的纸张大小，如图 10-45 所示。用户可以根据需要选择对应的纸张尺寸，如图 10-46 所示。

"方向"用来选择纸张打印方向，选中"纵向"选项，打印纸张以纵向打印；选中"横向"选项，打印纸张则以横向打印。

图 10-45　纸张大小

图 10-46　选择纸张尺寸

"页面布局"用来设置打印时的纸张布局。选中"无边距打印"复选框，打印时纸张将不留空白，此选项适用于打印照片和海报。选中"自最末页打印"选项后，打印时会从最后一页开始输出图像。"逐份打印"是默认选项，打印时会逐份打印输出图像。

- 设置打印选项

完成页面设置以后，用户还可以根据需要对打印的内容进行设置，如是否打印出裁切线、图像标题和套准标记等内容。

执行"文件"→"打印"命令，或按组合键【Ctrl+P】，弹出"Photoshop 打印设置"对话框，如图 10-47 所示。在此对话框中可以预览打印作业，并可以对打印机、打印份数、输出选项和色彩管理等选项进行相应的设置。

"打印机设置"用来选择打印机、打印份数、横向或纵向版面等。"位置"用来设置图像在打印纸张中的位置，勾选"居中"复选框，图像一半位于打印区域的上半位，该选项为默认选项。

用户可以在打印预览区域中拖动图像，确定打印图像的位置及打印范围，当拖动图像时，将自动取消勾选"居中"复选框，如图 10-48 所示。

图 10-47　"Photoshop 打印设置"对话框　　　　　　图 10-48　图像非居中对齐

# 10.4　本章小结

本章介绍了 Web 图形、输出和打印的相关知识，并通过 2 个应用案例，帮助读者进一步将知识点融会贯通。通过对本章知识点的学习，读者应熟练掌握创建切片、输出图像和打印图像的相关知识，并运用到实际的工作中。

# 10.5　课后测试

完成本章内容的学习后，接下来通过几道课后习题，测试一下读者的学习效果，同时加深对所学知识的理解。

### 10.5.1　选择题

（1）下列选项中，不属于 Photoshop CS6 切片类型的是（　　）。

    A. 自动切片　　　　　B. 用户切片　　　　　C. 基于切片　　　　　D. 图层切片

（2）文件中包含多个图层，可以使用下列哪种选项创建切片（　　）。

    A. 基于参考线创建切片　　　　　　　　B. 基于图层创建切片

    C. 使用切片工具　　　　　　　　　　　D. 以上都不对

（3）在切片选择工具选项栏中一共提供了（　　）种选项编辑切片。

    A. 6　　　　　　　　　B. 5　　　　　　　　　C. 4　　　　　　　　　D. 3

（4）（　　）是在不同硬件环境、不同操作系统、不同浏览器中都能够正常显示的色彩集合。

    A. 网页安全色　　　　　B. RGB 色　　　　　C. CMYK 色　　　　　D. Lab 色

（5）下列选项中，哪种图像格式支持透明背景效果（　　）。

    A. PNG　　　　　　　　B. JPG　　　　　　　　C. TIF　　　　　　　　D. BMP

## 10.5.2　创新题

根据本章所学知识，设计制作网页广告并使用切片工具切片输出，网页广告参考效果如图 10-49 所示。

图 10-49　网页广告参考效果

# 第 3 篇　实战篇

本篇主要讲述使用 Photoshop CS6 制作各种商业案例的流程和技巧。对实际工作中常见的包装设计、喷绘广告、图标设计和 UI 设计等设计类型做了全面的讲解和分析，详述制作过程，帮助读者掌握其设计流程和方法。

# 第11章
# 综合案例：包装设计和
# 商业喷绘设计

本章主要应用前面章节所学的 Photoshop CS6 相关知识点，设计制作平面广告。通过平面广告的制作，读者要掌握相关行业设计技巧和制作工艺，并将所学内容应用到实际的工作中。

## 11.1 了解包装设计

包装对于每个购买过商品的消费者来说都不会陌生，与其他艺术形式相比，包装具有更广泛的影响：它随处可见，并与我们的生活息息相关。

宽泛地讲，为了让人们更多、更好地知晓、接受、购买商品，而围绕商品信息传达和形象塑造进行的推广策划、设计与发布活动，都可能被看成对商品的"包装"，例如对商品形态的设计、对品牌形象的设计与推广、对商品促销活动的设计推广等。

### 11.1.1 包装设计的概念

包装是为了商品在流通过程中保护产品、方便储运和促进销售，而按一定技术方法采用材料或容器对物体进行包封，并加以适当的装潢和标识工作的总称。一般情况下，人们所说的包装，特指有形商品的外包装物。

包装，可以简单地将其理解为"包"和"装"。包，可以理解为包起来、包裹起来；装，可以理解为装扮、美化。前者重在技术、物质层面，强调包装的功能性；后者重在艺术、文化层面，强调包装的情感性。

包装设计是一个不断完善的过程。传统的包装设计主要包含保护、整合、运输、美化等意义。保护即能够良好地保护内容物；整合即能够将一些无序的物品按空间或数量标准组合在一起；运输就是通过包装使商品便于运输、搬运；美化就是通过包装来美化商品的外在形象。包装设计的作用是保护、美化和宣传商品，也是一种提高产品商业价值的技术和艺术手段。

包装设计包含了设计领域中的平面构成、立体构成、文字构成、色彩构成及插图、摄影等，是一门综合性很强的设计专业学科。包装设计又是和市场流通结合最紧密的设计，设计的成败完全有赖于市场的检验，所以市场学和消费心理学始终贯穿在包装设计之中。图 11-1 所示为精美的商品包装。

图 11-1　精美的商品包装

在工业高度发达的今天，包装设计应该做到物有所值，档次定位明确，否则必然引起消费者的反感和抵触。因此，包装设计师一方面应该具备良好的职业道德和全方位的设计素质；另一方面还需要考虑环境保护的问题，包装设计应该朝绿色化方向奋力迈进。

## 11.1.2　包装设计的分类

商品种类繁多，形态各异，其功能、作用、外观、内容也各有千秋。内容决定形式，包装也不例外。为了区别商品可以按以下方式对包装进行分类。

### 1.　按形态性质分类

按形态性质分类，可以将商品包装分为单个包装、内包装、集合包装、外包装等。图 11-2 所示分别为商品单个包装和集合包装的设计效果。

图 11-2　单个包装和集合包装

### 2.　按包装作用分类

按包装作用分类，可以将商品包装分为流通包装、储存包装、保护包装和销售包装等。图 11-3 所示分别为商品销售包装和流通包装的设计效果。

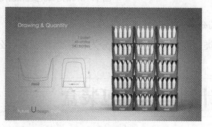

图 11-3　商品销售包装和商品流通包装

### 3. 按使用材料分类

按使用材料分类，可以将商品包装分为木箱包装、瓦楞纸箱包装、塑料类包装、金属类包装、玻璃和陶瓷类包装、软性包装和复合包装等。图 11-4 所示分别为塑料包装和纸盒包装的设计效果。

图 11-4　塑料包装和纸盒包装

### 4. 按包装产品分类

按包装产品分类，可以将商品包装分为食品包装、药品包装、纤维织物包装、机械产品包装、电子产品包装、危险品包装、疏菜瓜果包装、花卉包装和工艺品包装等。图 11-5 所示分别为食品包装和药品包装的设计效果。

图 11-5　食品包装和药品包装

### 5. 按包装功能分类

按包装方法分类，可以将商品包装分为防水式包装、防锈式包装、防潮式包装、开放式包装、密闭式包装、真空包装和压缩包装等。图 11-6 所示分别为防水式包装和密闭式包装的设计效果。

图 11-6　防水式包装和密闭式包装

### 6. 按运输方式分类

按运输方式分类，可以将商品包装分为铁路运输包装、公路运输包装和航空运输包装等。

## 11.2　设计制作绣品包装盒

学习了包装设计的基础知识，接下来使用 Photoshop CS6 完成一个绣品包装盒的设计和制作，完成后的效果如图 11-7 所示。通过对包装盒色彩和设计思路进行分析，可以有效地帮助设计师完成包装盒的设计工作。

图 11-7　绣品包装盒

## 色彩分析

本案例设计的为一个绣品包装礼品盒，采用红色作为主色，黄色作为辅色。这种配色方式可以很好地突显中式风格和特色。盒面中的标题文字使用黑色，符合中国风设计的搭配方式；整个搭配效果主题明确，风格统一。配色方案如图 11-8 所示。

| 主色 | 辅色 | 标题文字色 |
| --- | --- | --- |

图 11-8　配色方案

## 设计思路分析

本案例的标志设计参考中国传统图案缠枝莲纹的图形及寓意，在此基础上进行延展及变形，使其更加美观并具有辨识度及艺术性，标志的最终效果如图 11-9 所示。

缠枝莲纹又被称为串枝莲、穿枝莲，是一种中国传统文化中的植物纹样。缠枝莲以莲花为主体，以蔓草缠绕成图案，广泛应用在纺织品、石雕、木雕、青花瓷器等物品上，如图 11-10 所示。

图 11-9　最终效果　　　　图 11-10　"缠枝莲纹"应用于青花瓷器

该包装盒为旗袍风格产品的包装，盒面主要由产品标识、核心图和主题文字 3 部分组成，为了将旗袍的概念更好地表达出来，使用了旗袍衣襟及盘扣等诸多元素作为装饰，展现了极富个性的设计效果，如图 11-11 所示。

图 11-11　参考旗袍和中国元素的设计

本设计方案秉承传统工艺的风格，给人以庄重、雅致的感觉，体现了蕴含中国古典元素并适应流行趋势的中国风特色，印刷图、刀版图和效果图如图 11-12 所示。

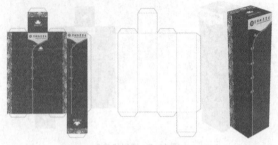

图 11-12　印刷图、刀版图和效果图

### 11.2.1　绘制"皇锦兰绣"标志

本小节将使用钢笔工具绘制标志。由于钢笔工具的使用较为复杂，绘制过程中建议采用先绘制标志大概轮廓，再使用调整工具调整的方法，以获得精准的标志轮廓。

扫码观看微课视频

| | | | |
|---|---|---|---|
|  | 执行"文件"→"新建"命令，在弹出的"新建"对话框中设置参数，如图 11-13 所示。 |  | 打开"拾色器（前景色）"对话框，设置前景色，按组合键【Alt+Delete】填充"背景"图层，如图 11-14 所示。 |

图 11-13　新建文件

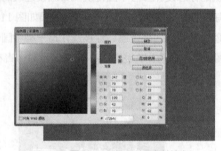

图 11-14　设置前景色并填充

| | | | |
|---|---|---|---|
|  | 使用"椭圆工具"绘制正圆，得到"椭圆 1"图层，使用"转换点工具"调整形状，如图 11-15 所示。 |  | 选择"钢笔工具"，在画布中连续单击绘制不规则形状，使用"转换点工具"调整形状中的锚点，如图 11-16 所示。 |

图 11-15　绘制形状

图 11-16　绘制不规则形状

STEP 05　使用"钢笔工具"绘制其他形状，完成后的效果如图 11-17 所示。

STEP 06　复制形状，按组合键【Ctrl+T】调出定界框，将形状水平翻转后移动位置，如图 11-18 所示。

图 11-17　复制形状并调整

图 11-18　复制形状并调整

STEP 07　使用"横排文字工具"输入文字，并在"字符"面板中设置参数，如图 11-19 所示。

STEP 08　选择除"背景"图层以外的所有图层，按组合键【Ctrl+G】编组，得到"组 1"图层组，复制"组 1"并重命名为"LOGO"，如图 11-20 所示。

图 11-19　输入文字

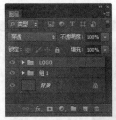

图 11-20　复制并重命名图层组

STEP 09　隐藏"组 1"图层组和"背景"图层，执行"图层"→"合并图层"命令。单击鼠标右键，选择"转换为智能对象"选项，如图 11-21 所示。

STEP 10　执行"文件"→"存储"命令，将文件存储为 PNG 格式，"存储为"对话框如图 11-22 所示。

图 11-21　转换为智能对象

图 11-22　存储文件

## 11.2.2　设计绣品包装盒正面

　　包装盒正面使用旗袍衣襟包边效果作为装饰。一细一宽的包边效果很好地将京式旗袍的特点展示出来。中式衣襟的应用，使用户的注意力第一时间集中在标题的位置。

扫码观看微课视频

**STEP 01** 执行"文件"→"新建"命令，在弹出的"新建"对话框中设置各项参数，如图 11-23 所示。

 **STEP 02** 设置前景色，按组合键【Alt+Delete】填充"背景"图层，如图 11-24 所示。

图 11-23　新建文件

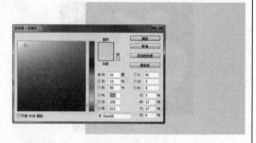

图 11-24　设置前景色并填充"背景"图层

 **STEP 03** 使用"钢笔工具"绘制形状，得到"形状 1"图层，在工具选项栏中设置"填充"颜色，如图 11-25 所示。

 **STEP 04** 使用相同的方法继续绘制形状，得到"形状 2"图层，调整图层顺序，效果如图 11-26 所示。

图 11-25　绘制形状

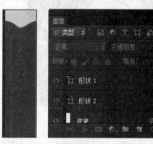

图 11-26　复制图层并调整图层顺序

 **STEP 05** 选择"形状 1"图层，在工具选项栏中设置描边颜色并设置描边宽度为 1 点，如图 11-27 所示。

 **STEP 06** 复制"形状 1"图层，得到"形状 1 副本"图层，在工具选项栏中修改描边宽度，如图 11-28 所示。

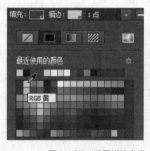

图 11-27　设置描边参数

图 11-28　复制形状

 **STEP 07** 执行"文件"→"置入"命令，将"非物质文化遗产.png"置入设计文档，调整大小和位置，如图 11-29 所示。

 **STEP 08** 使用"横排文字工具"输入文字，如图 11-30 所示。

图 11-29　置入素材图像（1）

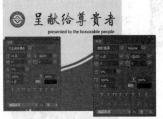

图 11-30　输入文字

**STEP 09**　执行"文件"→"置入"命令，将"扣子.png"图像置入设计文档，调整大小和位置并复制，效果如图 11-31 所示。

**STEP 10**　执行"文件"→"存储"命令，将设计文档保存，如图 11-32 所示。

图 11-31　置入素材图像（2）

图 11-32　存储文件

## 11.2.3　设计绣品包装盒侧面及顶部

　　本小节用户需完成两个部分的设计，分别是绣品包装盒的长方形侧面和正方形顶部。两个部分中都使用到了"包装盒花纹.png"图像，此素材图像是设计师提前根据产品理念设计而成的。

扫码观看微课视频

**STEP 01**　执行"文件"→"新建"命令，设置弹出的"新建"对话框中的各项参数，如图 11-33 所示。

**STEP 02**　设置前景色，按组合键【Alt+Delete】填充"背景"图层，如图 11-34 所示。

图 11-33　新建文件（1）

图 11-34　设置前景色并填充

打开素材图像"包装盒花纹.png"，将其拖入设计文档，顺时针旋转90°，效果如图 11-35 所示。

执行"文件"→"置入"命令，将"皇锦兰秀 LOGO.png"图像置入设计文档，调整大小和位置，如图 11-36 所示。

图 11-35　添加素材图像

图 11-36　置入素材图像

按组合键【Ctrl+N】新建空白文档。在"新建"对话框中设置各项参数，如图 11-37 所示。

为"背景"图层填充前景色，并将"包装盒花纹.png"拖入设计文档，如图 11-38 所示。

图 11-37　新建文件（2）

图 11-38　填充前景色并添加素材图像

### 11.2.4　包装盒印刷、刀版及工艺

　　包装盒设计完成后，要进入印刷输出的流程。为了保证能正确裁切，要为包装盒设计刀版图；为了保证印刷效果，要为包装盒设计工艺图。本小节将演示添加折叠线、裁切线和专色的方法。

扫码观看微课视频

执行"文件"→"新建"命令，设置"新建"对话框中各项参数，如图 11-39 所示。

使用"矩形工具"绘制形状，在工具选项栏中设置宽度、高度等参数，如图 11-40 所示。

图 11-39　新建文件

图 11-40　绘制形状并设置参数

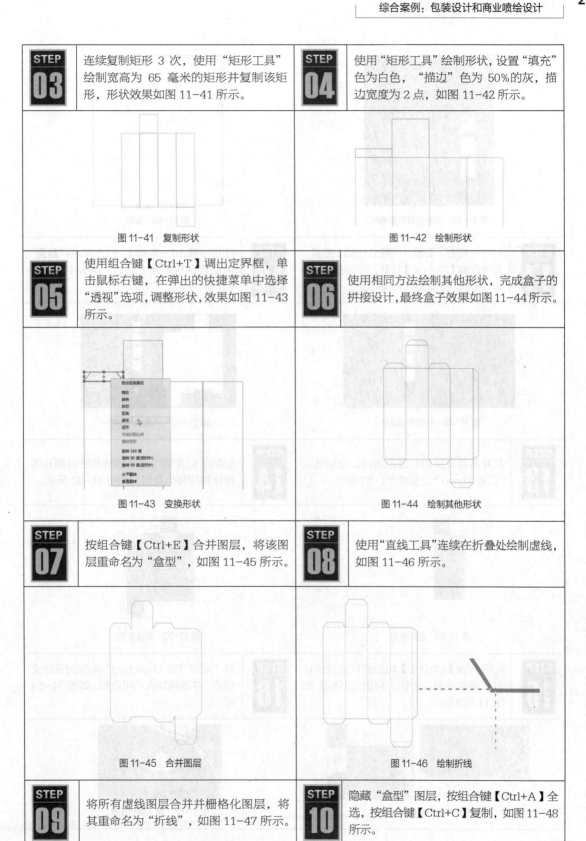

| | | |
|---|---|---|
| STEP **03** | 连续复制矩形 3 次，使用"矩形工具"绘制宽高为 65 毫米的矩形并复制该矩形，形状效果如图 11-41 所示。 | |

图 11-41　复制形状

| | |
|---|---|
| STEP **04** | 使用"矩形工具"绘制形状，设置"填充"色为白色，"描边"色为 50% 的灰，描边宽度为 2 点，如图 11-42 所示。 |

图 11-42　绘制形状

| | |
|---|---|
| STEP **05** | 使用组合键【Ctrl+T】调出定界框，单击鼠标右键，在弹出的快捷菜单中选择"透视"选项，调整形状，效果如图 11-43 所示。 |

图 11-43　变换形状

| | |
|---|---|
| STEP **06** | 使用相同方法绘制其他形状，完成盒子的拼接设计，最终盒子效果如图 11-44 所示。 |

图 11-44　绘制其他形状

| | |
|---|---|
| STEP **07** | 按组合键【Ctrl+E】合并图层，将该图层重命名为"盒型"，如图 11-45 所示。 |

图 11-45　合并图层

| | |
|---|---|
| STEP **08** | 使用"直线工具"连续在折叠处绘制虚线，如图 11-46 所示。 |

图 11-46　绘制折线

| | |
|---|---|
| STEP **09** | 将所有虚线图层合并并栅格化图层，将其重命名为"折线"，如图 11-47 所示。 |

| | |
|---|---|
| STEP **10** | 隐藏"盒型"图层，按组合键【Ctrl+A】全选，按组合键【Ctrl+C】复制，如图 11-48 所示。 |

图 11-47　合并图层并栅格化

图 11-48　复制

 **STEP 11**　打开"通道"面板，新建 Alpha1 通道，按组合键【Ctrl+V】粘贴，将通道重命名为"折线"，如图 11-49 所示。

 **STEP 12**　使用步骤 10 ~ 步骤 11 的方法，将"盒型"图层复制粘贴到"通道"面板中，如图 11-50 所示。

图 11-49　粘贴到通道中

图 11-50　"通道"面板

 **STEP 13**　打开各设计文档并盖印图层，分别拖入"刀版图.psd"，如图 11-51 所示。

 **STEP 14**　复制图层并使用水平翻转和竖直翻转等操作拼接整个盒型，如图 11-52 所示。

图 11-51　盖印图层

图 11-52　拼接盒型

 **STEP 15**　按组合键【Ctrl+T】切换到自由变换状态，调整各图层边框，拉出出血线，如图 11-53 所示。

 **STEP 16**　将"皇锦兰秀 Logo.png"拖曳到设计文档中，并调整其大小和位置，如图 11-54 所示。

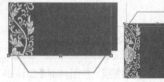

图 11-53　制作出血线

图 11-54　置入素材图像

**STEP 17** 调出该图层选区，单击"通道"面板右上角的按钮，在弹出的快捷菜单中选择"新建专色通道"选项，如图 11-55 所示。

 **STEP 18** 在弹出的"新建专色通道"对话框中设置颜色，如图 11-56 所示，完成用于印刷的烫金 Logo 的制作。

图 11-55　调出选区并执行"新建专色通道"命令

图 11-56　新建专色通道

---

**常用小技能**：刀版与出血线

　　刀版的设计尺寸要求严格，在确定好包装的尺寸后，为了避免裁切与印刷上的误差影响最终设计成品的美观，可以在进行设计后将各图层适当外扩 3~6 mm 作为出血位。

---

 **提示**

　　从了解客户要求开始，设计师应是对整个设计过程与设计制作流程了解最充分的人员，能够了解所有设计信息、做好前期到后期的衔接工作，是设计师的必备素质之一。因此在提交稿件后，设计师应勤于与制作方沟通、准确表达制作要求并全程跟进，以确保最终结果符合要求。

---

# 11.3　了解商业喷绘广告

　　喷绘按用途的不同可分为户外广告画面输出和室内广告画面输出。喷绘机使用的墨水的类型可分为水性墨水、弱溶剂墨水、溶剂墨水和 UV 墨水。使用水性墨水的喷绘机也被称为写真机，主要用于室内广告画面输出；弱溶剂、溶剂墨水和 UV 墨水都具有防紫外线（在户外不易褪色）的特性，多用于户外广告画面的输出。

## 11.3.1　户外喷绘广告

　　常见的户外广告有企业 LED 户外广告灯箱、高速路上的路边广告牌、霓虹灯广告牌和 LED 看板等，还有升空气球、飞艇等先进的户外广告形式。户外广告常被设置在人流量较大的地方，如图 11-57 所示。

图 11-57　街区户外广告

### 11.3.2　户外广告设计

户外广告的受众是动态中的行人。行人是通过可视的广告形象来接收商品信息的，所以户外广告设计要综合考虑距离、视角和环境 3 个因素。

设计户外广告时要根据具体环境而定，户外广告的外形要与背景协调，产生视觉美感；形状不必强求统一，可以多样化，大小也应根据实际空间的大小与环境情况而定。图 11-58 所示为户外广告整体视觉效果。

图 11-58　户外广告效果

简洁是户外广告设计中的一个重要原则，整个画面乃至整个设施都应尽可能简洁，设计时设计者要独具匠心，始终坚持在少而精的原则下去冥思苦想，力图给观众留有充分的想象余地。画面形象越繁杂，给观众的感觉越紊乱；画面形象越单纯，观众的注意值也就越高。

### 11.3.3　室内写真喷绘广告

室内写真喷绘广告在形式上一般有海报、易拉宝、展架、灯箱、吊旗和地贴等，在材质上有 PP 胶片、背胶、相纸、灯箱片、绢丝布和油画布等。图 11-59 所示为室内广告效果。

图 11-59　室内广告效果

### 11.3.4　易拉宝和 X 展架

易拉宝又称海报架、展示架，广告行业内也叫易拉架，是树立式宣传海报，主要质料是塑胶或铝合金。易拉宝适用于会议、展览和销售宣传等场合，是目前使用频率最高也最常见的便携展具之一。易拉宝效果如图 11-60 所示。

X 展架造型简练、运输方便、容易存放、安装简单、经济实用且轻便，是便捷的广告宣传用品，用途和易拉宝相同，用于公共场所、活动集会或商家店铺，也可用作婚礼庆典的展示品，小巧精致，方便携带，可拆装，可更换画面，长时间反复使用，X 展架效果如图 11-61 所示。

图 11-60　易拉宝

图 11-61　X 展架

　　易拉宝和 X 展架广泛地应用于大型卖场、商场、超市、展会、公司和招聘会等场所的展览展示活动。

# 11.4　设计制作喷绘广告

　　了解了喷绘广告，接下来完成喷绘广告的设计和制作，如图 11-62 所示。首先，需要从色彩和设计思路两个方面对喷绘广告进行分析，让用户对该产品的理念和外观有一个初步的认识。

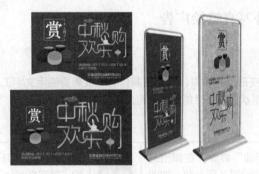

图 11-62　喷绘广告

## 色彩分析

　　此案例设计的为促销活动页面，其主题背景使用了高饱和度的红色，给人一种温暖、欢乐的印象，又透露出一种活动的喜庆和兴奋感。文字部分使用白色和黄色，与背景色对比强烈，视觉效果突出，富有张力，画面主题和层次非常清晰，配色方案如图 11-63 所示。

| 主色 | 辅色 | 文字色 | 文字色 |
|---|---|---|---|

图 11-63　配色方案

## 设计思路分析

　　该设计方案简明扼要地阐述促销活动主题，通过对主题文字的变形处理来有效地突出促销主题，并对文字进行简单的结构处理，使其能更快地引起人们的注意，细致简单地表达活动内容，设计方案中文字排版与变形效果如图 11-64 所示。

图 11-64　设计方案中的文字排版与变形

一般来说，户外喷绘广告因其摆放位置大都在半空中，所以它的尺寸都很大，这就要求喷绘广告的内容要"精"而不要"多"。在图 11-65 所示的户外喷绘广告中，设计师重点突出了"中秋欢乐购"等字样，使人们看到广告时第一时间被它所吸引，这向人们输出了"中秋"和"购物"等关键信息，再配合左侧精致美观的商品，可以使广告带来的利益最大化。

图 11-65　案例广告效果

### 11.4.1　绘制户外写真喷绘广告

广告中的字体大多为变形后的效果，用户在制作时不仅需要使用文字工具，还要配合选区工具和形状工具，才能完成变形的文字效果的制作。

扫码观看微课视频

| | | | |
|---|---|---|---|
|  | 执行"文件→新建"命令，在弹出的"新建"对话框中设置各项参数，如图 11-66 所示。 |  | 设置前景色并填充"背景"图层，将素材图像"福字文.png"拖入设计文档，效果如图 11-67 所示。 |

图 11-66　新建文件

图 11-67　填充前景色并添加素材图像

| | | | |
|---|---|---|---|
|  | 使用"横排文字工具"输入文字，在"字符"面板中设置参数，并将文字图层栅格化，如图 11-68 所示。 |  | 单击选项栏上"添加到选区"选项，使用"矩形选框工具"创建选区，删除选区内容，如图 11-69 所示。 |

图 11-68　输入文字

图 11-69　添加选区并删除选区内容

**STEP 05**

选择"矩形选框工具"，在画布中按住鼠标左键拖曳创建选区，使用"油漆桶工具"为选区填充黑色，如图 11-70 所示。

**STEP 06**

使用"椭圆工具"绘制椭圆，在选项栏中设置填充为无，描边为黑色，如图 11-71 所示。

图 11-70　创建选区并填充黑色

图 11-71　创建并编辑椭圆

**STEP 07**

将"椭圆 1"图层栅格化，使用"矩形选框工具"创建选区，按【Delete】键删除内容，如图 11-72 所示。

**STEP 08**

使用步骤 3 ~ 步骤 7 的方法，输入其他文字并完成相似的操作，完成后的效果如图 11-73 所示。

图 11-72　删除多余部分

图 11-73　完成相似文字制作

**STEP 09**

设置前景色，按组合键【Alt+Delete】为图层填充前景，将文字图层合并，重命名为"中秋欢乐购"，如图 11-74 所示。

**STEP 10**

按住【Ctrl】键单击图层缩览图，调出图层选区，使用"画笔工具"为选区涂抹半透明的黑色，如图 11-75 所示。

图 11-74　设置前景色并填充

图 11-75　涂抹半透明的黑色

|  | 拖入外部素材文件并调整大小、旋转角度，放到合适的位置，如图 11-76 所示。 |  | 锁定名称为"图层 1"的图层，使用移动工具将图层调整到合适的位置，如图 11-77 所示。 |
|---|---|---|---|

图 11-76　置入素材图像（1）

图 11-77　调整图层位置

|  | 使用文字工具连续输入不同的文字，使用"矩形工具"绘制图 11-78 所示的图形。 |  | 栅格化图层，使用"矩形选框工具"创建选区，删除选区内的多余部分，如图 11-79 所示。 |
|---|---|---|---|

图 11-78　输入文字、绘制矩形

图 11-79　栅格化图层、创建选区并删除内容

|  | 将素材图像"月饼.png"拖入设计文档，复制并栅格化图层，填充黑色后将其移动到"月饼"图层下，设置图层不透明度为 30%，如图 11-80 所示。 |  | 使用文字工具输入其他文字，执行"图像"→"复制"命令，在"复制图像"对话框中修改名称，单击"确定"按钮，如图 11-81 所示。 |
|---|---|---|---|

图 11-80　置入素材图像（2）

图 11-81　输入文字、复制图像

|  | 将智能图层栅格化，调整"户外广告喷绘写真 2"文档中各图层的颜色，得到另一种效果，如图 11-82 所示。 |  | 设置"图层 1"的不透明度为 50%，创建"色阶"和"曲线"调整图层。将两个设计文档存储，如图 11-83 所示。 |
|---|---|---|---|

图 11-82　调整图层的颜色

图 11-83　调整图像

## 11.4.2 设计制作地贴和吊旗

同一种商品的广告在不同的摆放位置，使用不同的摆放方法时，它的布局结构是需要适当调整的。"中秋欢乐购"广告在户外喷绘、吊旗和地贴广告上使用的广告内容一致，但是由于 3 种广告的展示位置和尺寸各不相同，所以，地贴和吊旗的广告内容都相应地发生了变化。

扫码观看微课视频

 执行"文件→新建"命令，设置"新建"对话框中各项参数，如图 11-84 所示。

 使用"椭圆工具"绘制正圆，将该图层复制一个，按组合键【Ctrl+T】，调整大小，如图 11-85 所示。

图 11-84 新建文件

图 11-85 绘制正圆并复制

 将素材图像拖入设计文档，效果如图 11-86 所示。

 在"图层"面板上为"图层 1"图层创建剪贴蒙版，效果如图 11-87 所示。

图 11-86 拖入素材图像

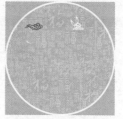
图 11-87 创建剪贴蒙版

 打开"户外广告喷绘写真.psd"文件，选中"中秋欢乐购"图层，将其复制到设计文档中，使用"矩形选框工具"创建选区，如图 11-88 所示。

 按【Delete】键删除选区中的多余内容，取消选区后按组合键【Ctrl+T】，调整图像大小，如图 11-89 所示。

图 11-88 复制图层并创建选区

图 11-89 删除多余内容并调整大小

|  | 使用"横排文字工具"输入文字，并栅格化文字图层，如图 11-90 所示。 |  | 按住【Ctrl】键并单击图层缩览图，调出图层选区，使用"画笔工具"为选区涂抹半透明的黑色，如图 11-91 所示。 |
|---|---|---|---|
| <br>图 11-90　输入文字并栅格化图层 | | <br>图 11-91　调出选区并进行涂抹 | |
|  | 将相关图层从"户外广告喷绘写真.psd"中复制到"地贴"设计文档中，并做适当的修改和调整，如图 11-92 所示。 |  | 使用"横排文字工具"输入文字，完成地贴的制作，最终效果如图 11-93 所示。 |
| <br>图 11-92　修改和调整文档 | | <br>图 11-93　最终效果 | |
|  | 执行"文件"→"新建"命令，设置"新建"对话框中各项参数，如图 11-94 所示。 |  | 使用"矩形工具"绘制矩形形状。使用添加锚点工具添加锚点并调整形状，如图 11-95 所示。 |
| <br>图 11-94　新建文档 | | 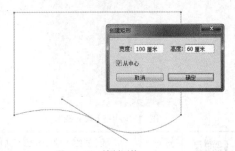<br>图 11-95　绘制形状 | |
|  | 打开"户外广告喷绘写真 2.psd"文件，将"图层 1"~"图层 5"拖入"中秋欢乐购吊旗"设计文档，如图 11-96 所示。 |  | 选择"图层 1"图层，单击鼠标右键，在弹出的快捷菜单中选择"创建剪贴蒙版"选项，效果如图 11-97 所示。 |
| <br>图 11-96　复制图层到设计文档中 | | <br>图 11-97　创建剪贴蒙版 | |

**STEP 15** 继续将"户外广告喷绘写真 2.psd"中的其他图层元素拖入设计文档，调整大小和位置，如图 11-98 所示。

**STEP 16** 执行"文件"→"存储为"命令，将设计文档存储为"中秋欢乐购吊旗.psd"，如图 11-99 所示。

图 11-98　复制图层到设计文档中

图 11-99　存储文件

### 11.4.3　设计制作门型展架

门形展架又是另一种喷绘广告的形式，由于它的摆放方式为竖直放置，所以"中秋欢乐购"广告的内容布局也调整为细长的展现方式。

扫码观看微课视频

**STEP 01** 执行"文件"→"新建"命令，在弹出的"新建"对话框中设置各项参数，如图 11-100 所示，单击"确定"按钮，新建空白文档。

**STEP 02** 设置前景色为 RGB（230，0，18）并填充画布，将素材图像"福字文.png"拖入设计文档，如图 11-101 所示。

图 11-100　新建文档

图 11-101　填充颜色并添加素材图像

**STEP 03** 按组合键【Ctrl+T】，调整"图层 1"上内容的大小，设置前景色并填充"图层 1"图层，如图 11-102 所示。

**STEP 04** 使用 11.4.1 小节中步骤 13 ~ 步骤 15 的方法，完成"赏"模块的制作，图像效果如图 11-103 所示。

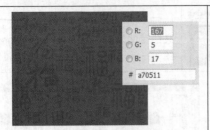

图 11-102　调整图像大小并填充颜色

图 11-103　完成模块制作

 STEP 05　打开"字符"面板，设置各项参数，使用"横排文字工具"输入文字，文字效果如图 11-104 所示。

 STEP 06　打开"户外广告喷绘写真 2.psd"文件，将相关图层复制到设计文档中，如图 11-105 所示。

图 11-104　输入文字

 STEP 07　在打开的"字符"面板中设置各项字符参数，使用"横排文字工具"在画布中输入文字，如图 11-106 所示。

 STEP 08　创建"亮度/对比度"和"色阶"调整图层，如图 11-107 所示。

图 11-105　复制图层到设计文档中

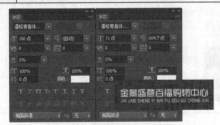

图 11-106　输入文字

图 11-107　创建调整图层

# 11.5　本章小结

　　本章介绍了包装设计和商业喷绘设计的相关知识，通过设计制作包装盒、写真喷绘广告，帮助用户进一步地将所学的知识点融会贯通。通过对本章的学习，读者应熟练掌握包装设计和商业喷绘设计的相关知识，并运用到实际的学习和工作中。

# 11.6　课后测试

　　完成本章内容的学习后，接下来通过几道课后习题，测试一下读者的学习效果，同时加深对所学知识的理解。

### 11.6.1　选择题

（1）包装设计又是和市场流通结合最紧密的设计，设计的成败完全有赖于（　　）。

　　A. 市场学　　　　　　　B. 消费心理　　　　　C. 市场的检验　　　　D. 市场结合

（2）下列选项中，不属于按运输方式分类的包装是（　　）。

　　A. 防潮湿包装　　　　　B. 铁路运输包装　　　C. 公路运输包装　　　D. 航空运输包装

（3）下列选项中，不属于户外广告设计要考虑的内容是（　　）。

　　A. 距离　　　　　　　　B. 视觉　　　　　　　C. 环境　　　　　　　D. 大小

（4）设计稿中刀版的作用是（　　）。

　　A. 保证正确裁切　　　　　　　　　　　　　　B. 获得正确的印刷工艺

　　C. 保证印刷效果　　　　　　　　　　　　　　D. 方便搬运

（5）下列选项中，哪种图像格式可以作为印刷使用（　　）。

　　A. PNG　　　　　　　　B. JPG　　　　　　　　C. TIF　　　　　　　　D. BMP

### 11.6.2　创新题

根据本章所学知识，设计制作茶叶包装盒，包装盒参考效果如图 11-108 所示。

图 11-108　包装盒参考效果

# 12

# 第 12 章
# 综合案例：图标、手机 UI 与网页 UI 设计

随着网络技术的发展，互联网已经逐渐走进了人们的生活，几乎成为每个人生活中不能缺少的一部分。网页 UI 设计是互联网开发中重要的一环，好的网页 UI 设计在有效地帮助企业推广产品的同时还能帮助用户快速找到感兴趣的信息。

本章将对图标、手机 UI 和网页 UI 设计三部分进行讲解，使读者在巩固所学 Photoshop CS6 知识的前提下，了解图标设计、手机 UI 设计和网页 UI 设计的特点与制作要求。

## 12.1 了解图标设计

图标在网页和软件界面中是比较常见的，常见的有系统图标、功能图标和应用图标。质感强烈、设计细密、颜色亮丽的图标给人很强的视觉冲击力，很受广大用户的欢迎。因此，用户在设计图标时文字要简单明了，并根据图标功能选择颜色。

### 12.1.1 图标与界面设计

许多界面和网页上都有设计出色的小图标。小图标的设计制作虽然简单，是它在 UI 中的作用是强大的，所以它的设计制作要求比较严格。

设计出的图标首先要容易辨认，其次要简单、通用，从而让它适应一系列项目。这就要求设计者有很好的美术绘画基础。对于初学者来说，平常就要多练、多画，多看一些优秀的图标设计作品，如图 12-1 所示。

图 12-1　优秀图标设计作品

### 12.1.2　图标设计的意义

作为用户界面设计的关键部分，图标在 UI 设计中无处不在。随着科技的发展，社会的不断进步，人们对美、时尚、趣味和质感的不断追求，图标设计也呈现出百花齐放的局面，越来越多的精致、新颖、富有创造力和人性化的图标涌入浏览者的视野。精致而有质感的图标可以为网页增添趣味，给浏览者留下美好的印象，如图 12-2 所示。

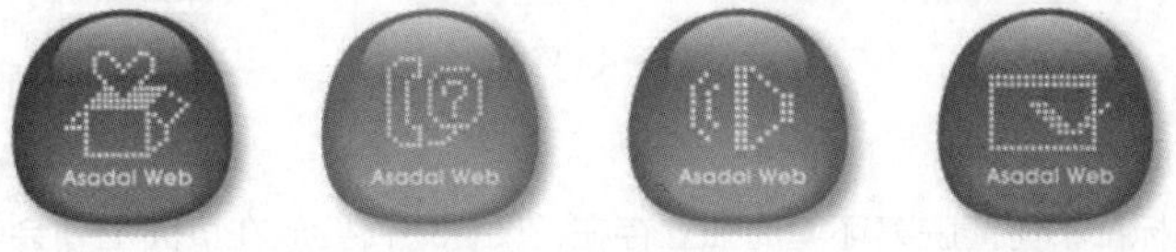

图 12-2　趣味图标设计

### 12.1.3　图标的尺寸大小和格式

图标的尺寸常有以下几种：16 像素×16 像素、24 像素×24 像素、32 像素×32 像素、48 像素×48 像素、64 像素×64 像素、128 像素×128 像素和 256 像素×256 像素。图标过大则占用界面空间过大，过小又会降低精细度，具体该使用多大尺寸的图标，常常根据设计界面的需求而定。

图标的格式有以下几种：PNG、GIF、ICO 和 BMP。其中 PNG 和 GIF 是比较常用的格式，它们都支持透明背景，且压缩的文件体积较小，方便网页使用。

### 12.1.4　图标设计的原则

软件界面设计的方向是简洁、易用、高效。精美的图标设计往往能起到画龙点睛的作用，从而提升软件的视觉效果。现在的图标越来越新颖、有独创性，而图标设计的核心思想，就是要尽可能地发挥图标的优点：比文字直观，比文字漂亮。

具体来说，图标设计应遵循以下几条基本原则。

● 可识别性原则

可识别性原则是图标设计的首要原则。可识别性原则是指设计的图标要能准确表达相应的思想，让浏览者看一眼就能明白它所要表达的意思。例如，道路上的交通图标可识别性强、直观、简单，即使是不认识字的人，也可以立即了解图标的含义，如图 12-3 所示。

机动车行驶　　　机动车车道　　　非机动车行驶　　　非机动车车道

图 12-3　交通图标

● 差异性原则

这也是图标设计的重要原则之一，但很容易被设计者所忽略。图标之间有差异，才能被浏览者所关注和记忆，浏览者才能对网页内容留有印象。否则，图标设计就是失败的。

网页中常见的一些小图标的设计简单，但很实用，并且符合差异性、可识别性的原则，如图 12-4 所示。

图 12-4　网页图标

● 与环境协调的原则

任何的设计或图标都不可能脱离环境而独立存在，图标最终要放在页面上才会起作用。因此，图标的设计者要考虑图标所处的环境，这样的图标才能更好地为页面设计服务，如图 12-5 所示。

图 12-5　与环境协调的图标

● 视觉效果的原则

图标的设计者在保证可识别性、差异性、协调性原则并满足基本的功能需求的基础上，才可以考虑更高层次的视觉需求。图标的视觉效果取决于设计者的天赋、美感和绘画功底，这就要求设计者必须多看、多模仿、多创作，如图 12-6 所示。

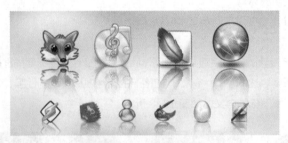

图 12-6　符合视觉需求的图标

● 创造性原则

随着现代网络的不断发展，网页图标层出不穷，要想让浏览者注意到网页的内容，图标设计者要在保证实用性的基础上，提高图标的创造性，只有这样才能区别于其他图标，给浏览者留下深刻的印象，如图 12-7 所示。

图 12-7　富有创造性的图标

## 12.2　设计制作个性质感图标

学习了图标设计的相关知识，接下来设计制作一个质感图标。首先，用户需要对质感图标从色彩和设计思路方向进行分析，再使用制图软件来完成质感图标的设计。

### 色彩分析

本案例所设计的个性图标针对女性购物特点，采用紫色作为主色调，给人浪漫而神秘的气息和尊贵而典雅的感觉。文字使用白色，边缘使用灰色渐变作为搭配，以紫色由深到浅的渐变作为主体，综合冷色与暖色的感觉，既有丁香花般的明艳，又显紫罗兰般的华贵，整体色彩对比鲜明，简洁而突出，醒目而时尚。配色方案如图 12-8 所示。

| | | |
|---|---|---|
| 主色 | 辅色 | 文本色 |

图 12-8　配色方案

### 设计思路分析

此图标在造型上采用圆角，给人以柔和、圆润的感觉。在此基础上略施曲线，既体现女性的柔美，又显丰腴且有质感，轻盈之中不失厚重。一方面给消费者以亲和的感觉，另一方面又在消费者潜意识中营造出信赖感，增强了消费者的购买欲望。此图标整体造型别致，时尚新颖，既富有水晶的通透又具有金属的质感，如图 12-9 所示。

图 12-9　案例图标展示

本案例使用 Photoshop CS6 完成质感图标的制作，用户可以通过设置"内发光""斜面和浮雕"和"渐变叠加"等图层样式来体现图标的质感。

扫码观看微课视频

STEP 01 执行"文件"→"新建"命令，设置"新建"对话框中的各项参数，如图 12-10 所示。

STEP 02 使用"圆角矩形工具"在画布中绘制圆角矩形，如图 12-11 所示。

图 12-10　新建文件

图 12-11　绘制圆角矩形

STEP 03 按组合键【Ctrl+T】，对图形进行旋转操作，使用"添加锚点工具"和"直接选择工具"调整图形的形状，如图 12-12 所示。

STEP 04 选择"形状 1"图层，为其添加"内发光"图层样式，设置参数，如图 12-13 所示。

图 12-12　旋转图形

图 12-13　设置图层样式参数

STEP 05 勾选"斜面和浮雕"复选框，设置结构和阴影参数，如图 12-14 所示。

STEP 06 勾选"渐变叠加"复选框，设置渐变参数，如图 12-15 所示。

图 12-14　设置"斜面和浮雕"参数

图 12-15　设置"渐变叠加"参数

STEP 07 单击"确定"按钮，完成"图层样式"对话框中的参数的设置，图像效果如图 12-16 所示。

STEP 08 复制"圆角矩形 1"图层，打开"图层样式"对话框，修改其中的参数，图像效果如图 12-17 所示。

图 12-16　图像效果

图 12-17　复制图层并修改图层样式参数

**STEP 09**

新建"图层 1"图层，载入"圆角矩形 1 副本"图层选区，选择"椭圆选框工具"，按住【Alt】键绘制椭圆，减去多余选区，如图 12-18 所示。

**STEP 10**

为选区填充白色，设置"图层 1"的不透明度为 30%，如图 12-19 所示。

图 12-18　载入并调整选区

图 12-19　填充颜色并修改不透明度

**STEP 11**

设置"字符"面板中的各项参数，使用"横排文字工具"输入文字并对文字进行旋转，如图 12-20 所示。

**STEP 12**

复制"SALE"图层，将复制的文字竖直翻转并调整到合适的位置，如图 12-21 所示。

图 12-20　输入并旋转文字

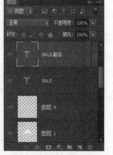

图 12-21　复制图层并旋转角度

**STEP 13**

为"SALE 副本"图层添加图层蒙版，为图层蒙版填充黑色，并使用"画笔工具"涂抹白色，如图 12-22 所示。

**STEP 14**

使用"椭圆工具"，在画布中绘制椭圆形，效果如图 12-23 所示。

图 12-22　添加图层蒙版

图 12-23　绘制椭圆

 **STEP 15**　单击选项栏中的"减去顶层形状"按钮，绘制椭圆，按组合键【Ctrl+T】对图形进行旋转操作，如图 12-24 所示。

 **STEP 16**　选择"椭圆 1"图层，为其添加"内发光"图层样式，设置参数，如图 12-25 所示。

图 12-24　绘制椭圆

图 12-25　设置"内发光"参数

 **STEP 17**　勾选"斜面和浮雕"复选框，设置参数，如图 12-26 所示。

 **STEP 18**　勾选"渐变叠加"复选框，设置参数，如图 12-27 所示。

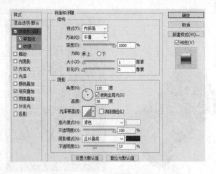

图 12-26　设置"斜面和浮雕"参数

图 12-27　设置"渐变叠加"参数

 **STEP 19**　单击"确定"按钮，图像效果如图 12-28 所示。

 **STEP 20**　按组合键【Shift+Ctrl+[】将"形状 3"图层置为底层，使用相同方法完成其他内容的制作，如图 12-29 所示。

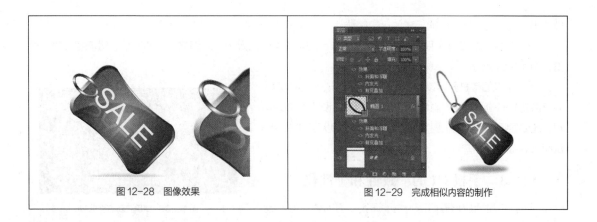

图 12-28　图像效果　　　　　　　　　图 12-29　完成相似内容的制作

## 12.3　了解手机 UI 设计

随着科技的发展，智能手机的功能越来越强大。手机硬件不断迭代更新，手机 UI 的设计要求也越来越高，更加趋于人性化，不仅要方便使用，还要美观，图 12-30 所示为精美的手机 UI 设计。

图 12-30　精美的手机 UI 设计

### 12.3.1　手机 UI 的分辨率

手机 UI 设计主要针对移动设备界面，因此会受到移动设备所采用的不同系统的影响。目前智能手机和平板电脑的主流的系统平台是 Android 系统和 iOS 系统。

手机系统的不同造成了手机分辨率的不同，两种系统目前常见机型分辨率如下。

• Android 系统

常见的 Android 系统机型分辨率为 720 像素 ×1280 像素、800 像素 ×1280 像素、1080 像素 ×1920 像素和 1080 像素 ×2040 像素。为了便于适配所有机型，设计时常选用 720 像素 ×1280 像素作为设计尺寸。

• iOS 系统

常见的 iOS 系统机型分辨率为 640 像素 ×1136 像素、750 像素 ×1334 像素、1242 像素 ×2208 像素、1125 像素 ×2436 像素和 1242 像素 ×2208 像素。设计时常选用 750 像素 ×1334 像素作为设计尺寸。

### 12.3.2　手机 UI 的特征

手机是体型较小的手持移动设备，与其他类型的软件界面设计相比，手机 UI 设计有更多的局限性和独有的特征，这就要求设计师在正式着手设计制作之前充分了解具体的情况，以下是手机 UI 设计特征。

（1）手机的显示屏相对较小，能够支持的色彩也比较有限，可能无法正常显示颜色过渡过于丰富的图像效果，这就要求界面中的元素要尽量简洁。

（2）手机 UI 交互过程不宜设计得太复杂，交互步骤不宜太多，以提高操作便利性，进而提高操作效率，图 12-31 所示为简单美观的手机 UI。

（3）手机的待机界面设计也很重要，一个美观的待机界面可以使我们的心情变得愉快。手机待机界面的设计不仅要美观，还要显示出手机的主要功能。这样才能方便用户的使用，从而获得用户的青睐。

图 12-31　简单美观的手机 UI

### 12.3.3　手机 UI 的一致性和个性化

手机 UI 设计应该遵循两个主要原则：界面效果的一致性和个性化。一致性主要是指手机 UI 应该从整体色调和风格上保持协调和一致性，使界面效果更美观；个性化是指手机 UI 应该具备区别于其他同类产品的特征。

手机软件界面是连接用户与机器的纽带，一套风格色调协调统一、交互方式合理一致的界面往往更有利于产品的外观整合，也更利于用户的操作，图 12-32 所示为整体效果高度一致的手机 UI。

图 12-32　整体效果统一的手机 UI

## 12.4　设计制作 iOS 系统手机 UI

学习了手机 UI 设计的相关知识后，接下来设计制作一组 iOS 系统下的手机 UI。要想获得满意的设计效果，首先做好色彩分析和设计思路分析。

### 色彩分析

本案例使用黑色作为主色，搭配白色的辅色，整个界面对比分明，层级丰富。黄色作为点缀色，突出界面中重要的内容，给人以温暖、明朗的感觉。整个界面效果简洁、精致且对比鲜明，具有一定的视觉冲击力，整体色彩搭配高端大气。配色方案如图 12-33 所示。

| 主色 | 辅色 | 文本色 |
|---|---|---|

图 12-33　配色方案

### 设计思路分析

本案例在做到新颖、时尚的同时，对同一元素进行重复利用，经过细微调整后既实现了高度统一的设计感，又不失美观。整体画面和风格协调、明快，给人以耳目一新的感觉。图标设计简洁明了，富有质感，辨识度高，图 12-34 所示为完成后的手机 UI 效果。

图 12-34　案例效果展示

　　本案例设计制作一组手机 UI，包括锁屏界面、消息通知界面和主界面。每个界面由素材图像、文字信息和图标等内容组成，界面内容保持简洁整齐、风格一致。

扫码观看微课视频

| | | | |
|---|---|---|---|
| STEP 01 | 执行"文件"→"新建"命令，设置"新建"对话框中各项参数，如图12-35 所示。 | STEP 02 | 使用"矩形选框工具"创建两个 10 像素×10 像素的选区，设置前景色并为选区填充前景色，如图 12-36 所示。 |
| 图 12-35　新建文件 | | 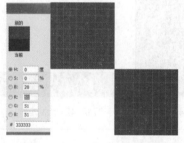图 12-36　创建选区并填充前景色 | |
| STEP 03 | 重新设置前景色并填充白色区域后，执行"编辑"→"定义图案"命令，在对话框中设置名称，效果如图 12-37 所示。 | STEP 04 | 执行"文件"→"新建"命令，新建一个1080 像素×1920 像素的空白文档，如图12-38 所示。 |
| 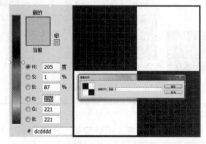图 12-37　定义图案 | | 图 12-38　新建文件 | |

STEP 05 创建新图层，填充白色，双击该图层打开"图层样式"对话框，设置"图案叠加"选项参数，如图 12-39 所示。

 STEP 06 选择"渐变叠加"选项，设置各项参数，如图 12-40 所示。

图 12-39　设置"图案叠加"参数

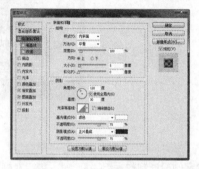

图 12-40　设置"渐变叠加"参数

 STEP 07 单击"确定"按钮，图像效果如图 12-41 所示。使用"矩形工具"绘制黑色矩形，如图 12-42 所示。

 STEP 08 绘制填充为白色、描边为"无"的正圆，复制正圆并修改为填充为"无"、描边为白色的正圆，如图 12-43 所示。

图 12-41　图像效果　　图 12-42　绘制矩形

图 12-43　绘制正圆

 STEP 09 使用"椭圆工具"和"钢笔工具"绘制白色 Wi-Fi 图标，如图 12-44 所示。

 STEP 10 使用相同方法绘制形状，完成电池图标的绘制，如图 12-45 所示。

图 12-44　绘制 Wi-Fi 图标

图 12-45　绘制电池图标

 STEP 11 设置"字符"面板中各项参数，使用"横排文字工具"输入文字，如图 12-46 所示。

 STEP 12 将素材图像拖入设计文档，效果如图 12-47 所示。

图 12-46　输入文字

图 12-47　添加素材图像

**STEP 13**

在"字符"面板中设置文字颜色为 RGB（246,249,4），使用"横排文字工具"输入文字，如图 12-48 所示。

**STEP 14**

将相关图标和文字同时选中，按组合键【Ctrl+G】编组，得到"组 1"图层组，如图 12-49 所示。

图 12-48　设置字符参数并输入文字

图 12-49　将图层编组

**STEP 15**

将"组 1"图层组隐藏，使用相同方法完成标签栏图标和翻页按钮的绘制，如图 12-50 所示。

**STEP 16**

绘制矩形，使用"横排文字工具"输入文字，如图 12-51 所示。

图 12-50　完成图标绘制

图 12-51　绘制矩形并输入文字

**STEP 17**

选择"自定形状工具"，在选项栏中将工具模式设置为"形状"，绘制形状，如图 12-52 所示。

**STEP 18**

将素材图像"金色夕阳.jpg"拖入设计文档，调整到合适的大小和位置，如图 12-53 所示。

图 12-52　绘制形状

图 12-53　添加图像

**STEP 19**

设置"字符"面板中参数，使用"横排文字工具"在画布中输入不同字号的文字，如图 12-54 所示。

**STEP 20**

使用"矩形工具"绘制 3 个矩形，使用"椭圆工具"绘制正圆形并修改图层不透明度，如图 12-55 所示。

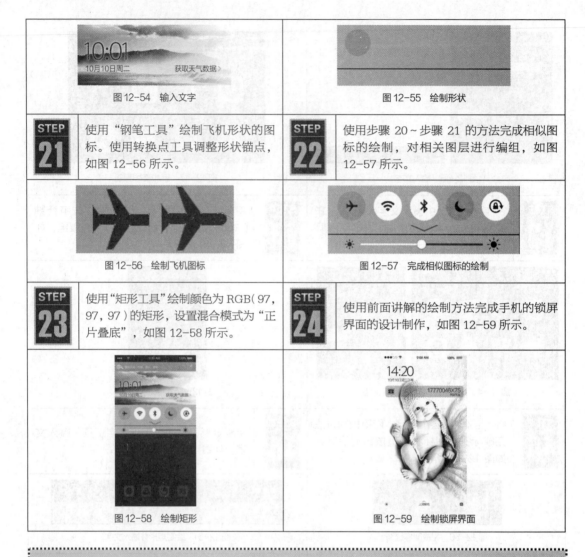

图 12-54　输入文字

图 12-55　绘制形状

**STEP 21** 使用"钢笔工具"绘制飞机形状的图标。使用转换点工具调整形状锚点，如图 12-56 所示。

**STEP 22** 使用步骤 20~步骤 21 的方法完成相似图标的绘制，对相关图层进行编组，如图 12-57 所示。

图 12-56　绘制飞机图标

图 12-57　完成相似图标的绘制

**STEP 23** 使用"矩形工具"绘制颜色为 RGB（97，97，97）的矩形，设置混合模式为"正片叠底"，如图 12-58 所示。

**STEP 24** 使用前面讲解的绘制方法完成手机的锁屏界面的设计制作，如图 12-59 所示。

图 12-58　绘制矩形

图 12-59　绘制锁屏界面

**常用小技能**：使用钢笔工具绘制路径时的快速转换

在使用钢笔工具绘制路径时，如果按住【Ctrl】键可以将正在使用的钢笔工具临时转换为直接选择工具；如果按住【Alt】键可以将正在使用的钢笔工具临时转换为转换点工具。

## 12.5　了解网页 UI 设计

　　网页并不是把各种信息简单地堆积在一起，还要通过各种设计手段和技术技巧，让浏览者能更多、更有效地接收到网页中的各种信息，从而对网页留下深刻的印象并催生消费行为，提升企业品牌形象。

### 12.5.1　网站页面中的文字和字体

　　网页中应该采用易于用户阅读的字体，在网页的正文内容部分还需要注意字体的大小以及行距等属性，避免文字过小或过密造成阅读障碍。网页中的文字直接影响到用户的浏览体验，为网页中的文字设置合适的属性，可以使浏览者更方便地接收信息。

字体分为衬线字体（serif）和非衬线字体（sans serif）。衬线字体就是带有衬线的字体，其笔画粗细不同并带有额外的装饰，开始和结尾处有明显的笔触。常用的英文衬线字体有 Times New Roman 和 Georgia，中文衬线字体则是在 Windows 操作系统中最常见的宋体。

非衬线字体与衬线字体相反，其无衬线装饰，笔画粗细无明显差异。常用的英文非衬线字体有 Arial、Helvetica 和 Verdana，中文非衬线字体则是 Windows 操作系统中的微软雅黑，如图 12-60 所示。

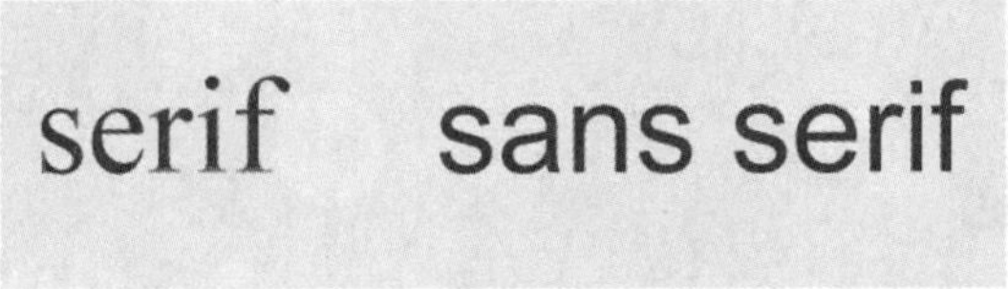

serif　　sans serif

图 12-60　衬线字体与非衬线字体

有笔触装饰的衬线字体可以提高文字的辨识度和阅读效率，更适合作为阅读的字体，多用于报纸、书籍等印刷品的正文。非衬线字体的视觉效果饱满、醒目，常用作标题或者用于较短的段落。

在网页设计中，字体的选择是一种感性、直观的行为。网页设计师可以通过字体来表达设计所要表达的情感。选择什么样的字体要以整个网站页面和浏览者的感受为基准，如图 12-61 所示。

由于大多数浏览者的计算机里只有默认的字体，因此，正文内容最好采用基本字体。

图 12-61　网页中的字体应用

国外网站大部分以非衬线字体为主，而中文网站基本以衬线字体为主。衬线字体笔画有粗细之分，在字号很小的情况下，细笔画就容易被弱化，受限于计算机屏幕的分辨率，10 像素~12 像素的衬线字体在显示器上是相当难辨认的，而同字号的非衬线字体笔画简洁而饱满，更适于作网页字体。

随着显示器越来越大，分辨率越来越高，人们经常会觉得 12 像素大小的文字看起来有点吃力，设计师也会不自觉地开始大量使用 14 像素大小的字体，而且越来越多的网站开始使用 15 像素、16 像素甚至 18 像素以上的字体作正文字体。

图 12-62 所示为英文的衬线字体与非衬线字体在不同字号时的显示效果对比。

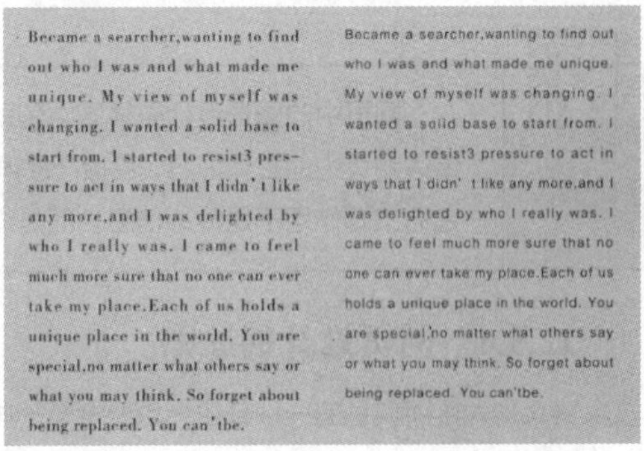

图 12-62　英文的衬线字体与非衬线字体显示效果

### 12.5.2　网页文字的排版

网页上的每一个元素都会影响到浏览效果，而网页排版设计也非常考验一个设计师的设计功底。对网页中的文字进行排版处理时需要考虑文字辨识度和易读性。优秀的网页文字排版在视觉上是平衡和连贯的，并且有整体的空间感。图 12-63 所示为优秀的网页文字排版效果。

图 12-63　网页中的文字排版效果

行距是非常影响易读性的重要因素，一般情况下，接近文字尺寸的行距设置会比较适合正文。过宽的行距会让文字失去延续性，影响阅读；而行距过窄，则容易出现跳行的情况。

在实际的设计过程中，设计者需灵活应用相应规范。例如，如果文字本身的字号比较大，那么行间距就不需要严格按照 1~1.5 倍的比例进行设置，不过行间距和段落间距的比例还是要尽可能为 3:4，这样的视觉效果能够让浏览者在阅读内容时保持一种节奏感。

在对网页中的文字内容进行排版时，需要在文字版面中的合适位置留出空余空间，且空余空间面积应该遵循字间距小于行间距，行间距小于段间距的规则。此外，设计者在内容排版区域之前，需要根据页面实际情况给页面四周留出余白。

### 12.5.3　图形在网页设计中的作用

图形一种视觉语言，网页中图形的设计可以理解为关于"图"的设计。因为图形的视觉冲击力要比文字大，所以可以将设计的思想赋予在形态上，通过图形来传达信息。图形可以集中展现网页的整体结构和风格，可以将信息传达得更为直接、立体，并且容易让人理解。

网页中的图形包括主体图、辅助图、导航图标和广告图像等。其中，主体图用来直接传达网页中的主体内容，包括产品照片、新闻照片等；辅助图用来增强网页版面的艺术性，它的主要作用不是传达信息，而是渲染网页视觉的氛围，像背景图等。

### 12.5.4　网页设计的原则

网页作为传播信息的一种载体，也要遵循一些设计的基本原则。但是，由于表现形式、运行方式和社会功能的不同，网页设计又有其自身的特殊规律。网页的艺术设计是技术与艺术的结合，内容与形式统一，它要求设计者必须掌握以下几个主要的设计原则。

（1）为用户考虑的原则。

（2）主题突出原则。

（3）整体原则。

（4）内容与形式相统一的原则。

（5）更新和维护的原则。

> **常用小技能**：网页设计中的色彩应用
>
> 　　打开一个网站，给浏览者留下第一印象的既不是网站丰富的内容，也不是网站合理的版面布局，而是网站的色彩。色彩给人的视觉效果非常明显，一个网站设计成功与否，在某种意义上取决于设计者对色彩的运用和搭配。因为网页设计属于一种平面效果的设计，除了立体图形、动画效果之外，在平面图上色彩的冲击力是最强的，所以它很容易给浏览者留下深刻的印象。因此，在设计网页时，设计者必须要高度重视色彩的搭配。

## 12.6　设计制作网页 UI

　　网页设计的挑战在于怎样在设计和技术之间创建出有效的界面，而不仅仅是制作一张漂亮的图片。网页并非固定不变的实体，它根据浏览者的不同操作而不断变化。从审美的角度来讲，网页设计往往会被认为过于普通或者不够突出，而网页的"美"更多是在动态和交互过程中得以体现的。

　　本案例通过设计一个大学网站的首页，向读者展示使用 Photoshop CS6 完成网页设计的方法和技巧，案例效果如图 12-64 所示。

图 12-64　案例效果展示

### 色彩分析

　　在网页上，色彩的应用并不容易，因为在显示器上看到的色彩会随着用户显示器环境的变化而变化。网页设计师首先要了解网页开发的设计流程，在了解色彩原理的基础上逐步掌握配色的要领，不断实践、总结经验教训才能制作出使人心旷神怡的美丽画面。

　　本实例使用紫色作为网页的主色，通过使用不同纯度的紫色，向浏览者传达神秘、科幻的视觉感受。使用灰色作为辅助色可以有效地衬托主色，避免颜色过多而使得页面效果显得过于繁杂，整个页面的效果深沉、爽朗、开阔、清凉，图 12-65 所示为本案例所用颜色。

| 主色 | 辅色 | 文本色 |
|---|---|---|

图 12-65　页面背景色

## 设计思路分析

本实例设计一款大学网站的首页，该页面采用常见的骨骼型布局方式。页面头部以学校主体大楼作为背景，体现出庄重的感觉，突出表现该校的主体风格，具有很高的视觉辨识度。整个页面合理地编排页面中的图像等元素，使页面显得既庄重又有条理。

本案例中网页内容较多，制作步骤较为复杂，用户在设计制作页面时，要注意页面中各个模块和界面元素的大小、位置和间距。

扫码观看微课视频

|  | 执行"文件"→"新建"命令，设置"新建"对话框中各项参数，如图 12-66 所示。 |  | 执行"视图"→"标尺"命令，将标尺显示出来，拖曳创建图 12-67 所示的参考线。 |
|---|---|---|---|
| <br>图 12-66　新建文件 | | <br>图 12-67　创建参考线 | |
|  | 将素材图像"首页 1.jpg"拖入设计文档，调整大小并移动到合适的位置，如图 12-68 所示。 |  | 使用"钢笔工具"在画布中绘制填充颜色为 RGB（178,93,161）的不规则形状，如图 12-69 所示。 |
| 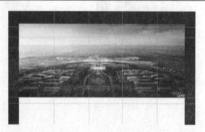<br>图 12-68　添加素材图像（1） | | 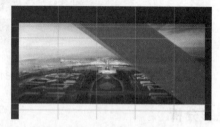<br>图 12-69　绘制不规则形状（1） | |
|  | 将素材图像"学区素材.png"拖入设计文档，效果如图 12-70 所示。 |  | 设置"字符"面板中各项参数，使用"横排文字工具"在画布中输入文字，如图 12-71 所示。 |

图 12-70 添加素材图像（2）

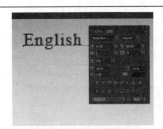

图 12-71 输入文字（1）

设置"字符"面板中各项参数，使用"横排文字工具"在画布中输入文字，如图 12-72 所示。

设置"字符"面板中各项参数，使用"横排文字工具"输入网页导航文字，如图 12-73 所示。

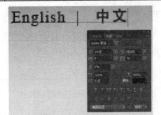

图 12-72 输入文字（2）

图 12-73 输入文字（3）

将素材图像"建大 logo.png"拖入设计文档，调整大小和位置，效果如图 12-74 所示。

设置"字符"面板中各项参数，使用"横排文字工具"输入文字，如图 12-75 所示。

图 12-74 添加素材图像（3）

图 12-75 输入文字（4）

使用相同的制作方法，完成其他英文文字的输入，效果如图 12-76 所示。

使用"矩形工具"在画布中绘制矩形形状，如图 12-77 所示。

图 12-76 输入英文文字

图 12-77 绘制形状（1）

|  设置"字符"面板中各项参数，使用"横排文字工具"在画布中输入文字，如图 12-78 所示。 |  选中文字，在"字符"面板中设置各项参数，如图 12-79 所示。 |
|---|---|
|  图 12-78　输入文字（5） |  图 12-79　修改文字参数 |
|  使用"矩形工具"在画布中绘制一个黑色的矩形形状，调整图层顺序，效果如图 12-80 所示。 |  使用"钢笔工具"在画布中绘制如图 12-81 所示的形状。 |
|  图 12-80　绘制黑色矩形 | 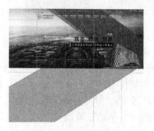 图 12-81　绘制不规则形状（2） |
|  设置"字符"面板中各项参数，使用"横排文字工具"在画布中输入文字，如图 12-82 所示。 |  设置前景色为 RGB（134、14、122），使用"矩形工具"在画布中绘制矩形形状，如图 12-83 所示。 |
|  图 12-82　输入文字（6） |  图 12-83　绘制矩形 |
|  设置前景色为 RGB( 140,140,140 )，设置"字符"面板中的各项参数，使用"横排文字工具"输入图 12-84 所示的文字。 |  将素材图像"新闻 1.png"拖入设计文档，调整大小并移动到合适的位置，如图 12-85 所示。 |

图 12-84 输入文字（7）

图 12-85 添加素材图像（4）

**STEP 21**

设置"字符"面板中参数，选择"横排文字工具"，在画布中拖曳绘制文本框，输入图 12-86 所示的文字。

**STEP 22**

设置"字符"面板中文字样式为"下画线"，使用"横排文字工具"在画布中输入文字，如图 12-87 所示。

图 12-86 输入段落文字（1）

图 12-87 输入文字（8）

**STEP 23**

使用步骤 20 ~ 步骤 22 的制作方法，添加其他素材图片，完成其他文字的制作，如图 12-88 所示。

**STEP 24**

将素材图像"首页 2.jpg"拖曳到设计文档中，调整大小并移动到合适的位置，如图 12-89 所示。

图 12-88 完成相似内容的制作

图 12-89 添加素材图像（5）

提示

　　网页的版式设计与报刊杂志等平面媒体的版式设计有很多相通之处。它在网页的艺术设计中占据着重要的地位。所谓网页版式设计，是指在有限的屏幕空间中对各种视听元素进行有机的排列组合，将理性思维以个性化的形式表现出来，是一种具有个人风格和艺术特色的视听传达方式。它在传达信息的同时，也带来感官上的美感和精神上的享受。

| | |
|---|---|
|  **STEP 25** | 使用"钢笔工具"绘制形状，设置"填充"色为 RGB（41,34,23），效果如图 12-90 所示。 |

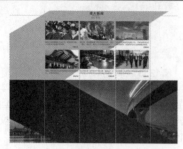

图 12-90　绘制不规则形状（3）

| | |
|---|---|
|  **STEP 26** | 使用"椭圆工具"在画布中绘制如图 12-91 所示的正圆形状。 |

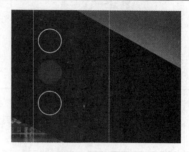

图 12-91　绘制形状（2）

| | |
|---|---|
|  **STEP 27** | 将素材图像"图 1～3.png"拖曳到设计文档中，调整大小并移动到合适的位置，如图 12-92 所示。 |

图 12-92　添加素材图像（6）

| | |
|---|---|
|  **STEP 28** | 设置"字符"面板中文字样式为"仿粗体"，使用"横排文字工具"在画布中输入文字，如图 12-93 所示。 |

图 12-93　输入文字（9）

| | |
|---|---|
|  **STEP 29** | 设置"字符"面板中参数，使用"横排文字工具"在画布中在输入文字，如图 12-94 所示。 |

图 12-94　输入文字（10）

| | |
|---|---|
|  **STEP 30** | 设置"字符"面板中的各项参数，使用"横排文字工具"在画布中输入段落文字，如图 12-95 所示。 |

图 12-95　输入段落文字（2）

| | |
|---|---|
|  **STEP 31** | 设置"字符"面板中各项参数，使用"横排文字工具"在画布中输入文字，如图 12-96 所示。 |

| | |
|---|---|
|  **STEP 32** | 使用步骤 28～步骤 31 的制作方法，完成相似文字内容的制作，如图 12-97 所示。 |

图 12-96　输入文字（11）

图 12-97　完成相似内容的制作

STEP 33

使用步骤 16～步骤 19 的制作方法，完成相似内容的制作，图像效果如图 12-98 所示。

STEP 34

选择"多边形工具"，设置"填充"为黑色，"描边"为无，"边"为 6，在画布中绘制六边形，如图 12-99 所示。

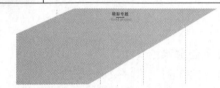

图 12-98　绘制不规则形状（4）

图 12-99　绘制六边形

STEP 35

将素材图像"校园景色.png"拖曳到设计文档中，为该图层创建剪贴蒙版，如图 12-100 所示。

STEP 36

使用步骤 34～步骤 35 的制作方法，完成相似图像内容的制作，如图 12-101 所示。

图 12-100　添加素材图像（7）

图 12-101　制作相似内容

STEP 37

使用相同的方法完成"媒体视角"和版底模块的制作。制作完"媒体视角"和版底模块，即完成了网页界面的设计制作，图像效果如图 12-102 所示。

图 12-102　图像效果

## 12.7 本章小结

本章介绍了图标设计、手机 UI 设计和网页 UI 设计的相关知识，并通过 3 个综合案例，让读者进一步地将所学知识点融会贯通。通过对本章知识点的学习，读者可以熟练掌握图标设计、手机 UI 和网页 UI 设计的相关知识，并运用到实际的学习和工作中。

## 12.8 课后测试

完成本章内容的学习后，接下来通过几道课后习题，测试一下读者的学习效果，同时加深对所学知识的理解。

### 12.8.1 选择题

（1）用户在设计图标时要注意文字要（　），并根据图标功能选择颜色。

A. 简单明了　　　　　B. 消费心理　　　　　C. 市场的检验　　　　　D. 市场结合

（2）图标之间（　），才能被浏览者所关注和记忆，浏览者才能对网页内容留有印象。

A. 有差异　　　　　B. 大小相似　　　　　C. 颜色接近　　　　　D. 格式相同

（3）下列选项中，哪种分辨率是 iOS 系统常用设计尺寸（　）。

A. 750 像素×1 334 像素　　　　　　　　B. 640 像素×1 136 像素

C. 1 242 像素×2 208 像素　　　　　　　D. 1 125 像素×2 436 像素

（4）页中的（　）直接影响到用户的浏览体验，为网页中的文字设置合适的属性，可以使浏览者更方便地接收信息。

A. 文字　　　　　B. 图片　　　　　C. 视频　　　　　D. 动画

（5）优秀的网页文字排版在视觉上是平衡和连贯的，并且有整体的（　）。

A. 一致感　　　　　B. 对比性　　　　　C. 空间感　　　　　D. 多层次

### 12.8.2 创新题

根据本章所学知识，设计制作水晶风格按钮图标，水晶风格按钮图标参考效果如图 12-103 所示。

图 12-103　水晶风格按钮图标参考效果